手机摄影 后期修图

实用技巧108招

构图君 编著

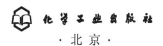
化学工业出版社

·北京·

本书详细介绍了20款下载率排行最高的手机修图APP，如Snapseed、MIX、美图秀秀、泼辣修图、黄油相机、激萌、魔漫相机、水中倒影、天天P图、相片大师、水印相机，以及专业人像修图facetune等的核心使用技巧，既帮助读者省去了盲目下载和试用的时间，又可助读者更快、更好地修出理想效果的照片。

同时，本书讲解了108个手机修图技巧是百万摄友都喜爱和追求的，包含了较为初级的裁剪、旋转、矫正、调色、滤镜、文字、模板、水印等，高级的照片锐化、色彩分离、蒙版抠图、镜头模糊、双重曝光、背景虚化、镜头光晕、黑白背景、复制克隆等，以及专业的人物瘦脸、磨皮、增高、塑身、修斑、美牙等，让您快速成为手机修图高手。

图书在版编目（CIP）数据

手机摄影后期修图实用技巧108招/构图君编著. — 北京：化学工业出版社，2019.11(2023.10 重印)

ISBN 978-7-122-35107-4

Ⅰ.①手… Ⅱ.①构… Ⅲ.①移动电话机—图像处理软件 Ⅳ.①TN929.53 ②TP391.413

中国版本图书馆CIP数据核字（2019）第188153号

责任编辑：李 辰 孙 炜　　　　　　　　　装帧设计：盟诺文化
责任校对：宋 夏　　　　　　　　　　　　封面设计：异一设计

出版发行：化学工业出版社（北京市东城区青年湖南街 13 号　邮政编码 100011）
印　　装：北京建宏印刷有限公司
880mm×1230mm 1/32 印张 8½ 字数 233 千字　2023 年 10 月北京第 1 版第 5 次印刷

购书咨询：010-64518888　　售后服务：010-64518899
网　　址：http://www.cip.com.cn
凡购买本书，如有缺损质量问题，本社销售中心负责调换。

定　价：59.00元　　　　　　　　　　　　版权所有 违者必究

行家推荐

姚恒　百万粉丝喜爱的"玩转手机摄影"公众号创始人

三年前认识了构图君，发现他是一位追求极致的人，他的许多摄影知识点都是单点极致，这是行业里面很少有人能做到的。以前读过他的许多图书，把每一个知识点抽丝剥茧，应用于具体的场景中，让人能学到实实在在的干货。而这本手机摄影后期书，精选了手机摄影爱好者最喜爱的108种特效，一定也会成为大家学习手机摄影之路的良师和宝典。

陆永明　中国摄影人俱乐部创始人、中国摄影著作权协会会员，上海市摄影家协会会员

手机作为现代人最便捷的拍摄工具，如何用手机拍摄出好照片、好作品，成为许多摄影爱好者迫切需要了解的问题，本书从手机摄影专业模式到后期多种修图方法，全面介绍了整个手机摄影的全过程，108招简单实用，易学易懂，是目前市场上难得的一本手机摄影的好书，无论你是摄影新手，还是职业摄影师，都会有非常宝贵的收获。

别样　具有中国风特色的"水墨摄影"公众号创始人

构图君，是我的老师，他在摄影领域中有自己独特的脑力思辨和极致创新，特别是分享了300种多构图方法，还给过我的公众号"水墨摄影"许多拍照和写作的指导。我读过老师很多书，从概念到分析，再到具体实战，精简易懂，干货满满。而这本108招手机后期修图的教程，是帮助广大手机摄影爱好者将原片变成大片路上的一盏指路明灯。

爱拍大叔 *"学手机摄影"公众号创始人，厦门老人摄影家协会手机摄影＋修图讲师*

从认识构图君至今已有三年多了，在他的"手机摄影构图大全"公众号和今日头条专栏中，读过他很多干货的文章，细致实用，通俗易懂，这次本书把手机修图的方方面面讲得很透，全面系统，还有抠图、蒙版等高级功能，是一本不可不看的手机摄影书。

黄志明（青山闲士） *"手机拍天下"公众号创始人*

能在茫茫网络中结识构图君，是一种缘分，我们都是坚持了摄影数十年，从业余人士成为懂一点的摄影行家。我和谷哥经常在平台"手机拍天下"组织手机摄影爱好者线下实拍，深知后期修图的重要性，构图君的这本书，可以帮助您的手机摄影更专业，更出彩！

曾莲茵 *北京摄影艺术协会会员，坚持每日一拍摄影达人*

这本后期修图108招教程，是构图君继众多摄影图书创作的又一倾心之作，每一招含金量都极高，构图君引出每款APP应用的一个热门技巧，大家可以由点到线，再扩展到面，举一反三进行学习，就能收获216招、324招等更多技巧，助您在手机摄影的路上，更快实现目标！

朱富宁 *720度全景摄影平台（720yun.com）运营总监＆认证摄影师*

关于摄影或后期修图的图书，本来就是比较枯燥的，但构图君的这本书可以帮您顺畅高效地学习到108个案例技巧，不仅包括了最热门的10款手机后期APP，还有上百万网友们喜爱的108个技巧，可以帮助您手机修出不一样大片，火遍朋友圈。

前言

2019年4月，在我的公众号"手机摄影构图大全"里，曾举行过几期活动，主题是手机后期修图，我提供1张原图，让大家帮助修图，结果您猜怎么样？收到160多张不同的后期效果图。

1张原片的160多种不同的后期效果，折射的是广大手机摄影爱好者对美的追求，对技术的执着。目前的常态是大家通常拍照1分钟，修图却会花费10分钟，甚至1个小时，这又说明什么呢？即无论原片如何，但希望最终的成片，能被更多人点赞！

如何修出美图？层出不穷的修图APP帮了我们大忙，可成百上千款APP，哪一款调色最好用？哪一款滤镜最漂亮？哪一款文字最有个性？哪一款抠图最方便？哪一款人像美容最精彩？哪一款能帮助您修出别人修不出来的效果？

今天，当您拿到这本书时，就意味着不用再浪费时间——去下载、安排和试用每一款APP了，因为我已经帮您做了这件事。在编写本书之前，我做了两件事：

一是去手机各大应用商店，查看修图APP的下载排行，挑选出下载量最高的20款APP，每一款APP的评分都是几十万手机摄影爱好者投票出来的结果。

二是去抖音、今日头条、公众号等平台，搜集了500多个上百万摄友都喜爱的手机修图技巧，然后筛选出最实用、最常用的108个，以案例的形式分享给您。

所以，本书的功能，一是帮助您省去下载、安装、试用上百款不同

APP 的精力，二是助您将最宝贵的时间花在直接学习每款常用 APP 最核心实用的功能上，轻松修出您想要的各种后期美照。

懂摄影的人知道，拍摄时，要做减法，少即是多！手机修图其实也是这个原理，学透一个 APP 了，其他 APP 的功能模板是一样的，只要举一反三，其他 APP 便不攻自破，不学自会了！

但是注意，每款 APP 肯定还是有它的优势和亮点的，因此，我也差异化地分别讲解了每款 APP 的优势和亮点，这样我们就学到了每款 APP 最具特色的内容！

经常有摄友留言问我，哪一款修图 APP 最好？相信看到这本书的摄友也会问我这个问题，我的实战心得是：没有最好，只有最适合的。

为什么呢？因为每款 APP 的基本功能都是一样的，但界面风格、操作方式会不一样，这就要看哪一款 APP 让您用得顺手了。

还有一个重要的细节，也是给大家建议的方法：用一张照片，调进不同的 APP 中去试效果，你会发现，同样的饱和度数值，出来的颜色鲜艳度不一样，所以要看哪款 APP 的色感更符合你的审美了。

根据我的修片实战体会，最后有两个心得和大家分享：

一、选择你最喜欢的一款 APP 为主，再找两款比较喜欢的为辅，结合着用，这样既保证了效果，也比较轻松，毕竟每一款都去用也辛苦。

二、知晓、挑选每款 APP 你最喜欢的某个功能来用，你可以用这款 APP 的调色，那款 APP 的滤镜，其他 APP 的文字等，定制属于你个人独特的后期风格。

本书在编写过程，得到了罗胡蓉的帮助，以及徐必文、黄建波、高彪、杨婷婷、刘伟、颜信、王群、谭文彪、严茂钧、黄海艺、彭爽、黄玉洁、朝霞、别样、如是、陈耀成、梵高、峰子哥等许多摄友们提供的照片，在此深表感谢！因编写时间仓促，书中内容如有错误之处，欢迎指正。

构图君

2019 年 8 月

目 录
CONTENTS

【第一篇　拍摄篇】

【第二篇　Snapseed 篇】

【第三篇 其他 APP 篇】

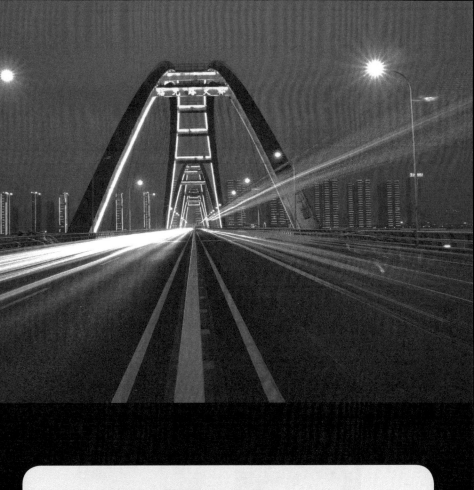

【第一篇　拍摄篇】

▪▪▪ 1 ▪▪▪ 用好专业模式 （手机相机 APP）

【用户使用手机拍照很简单，但是要拍好却不简单。因此，用户如果能掌握手机相机的专业拍照模式，那么对拍摄出来的照片质量将会有巨大提升。本章主要介绍了 10 个好用又专业的模式，比如快门模式、慢门模式以及全景模式等，可以帮助用户快速拍摄出精彩的照片。】

001　手机里的专业拍照模式详解

现在很多手机都有专业拍照模式，拍出的照片比普通的相机模式拍出来的更好看。所有手机相机里面的专业拍照模式参数都是一样的，即使不一样，也不会有很大的差别，毕竟拍照都是通过控制那些参数来完成的。

下面介绍 4 种常用的拍照模式：包括夜景模式、自动模式、专业模式、人像模式。

⊙　夜景模式：拍摄夜景是手机摄影的难点，拍摄者需要具备一定的技巧才能拍好。当然，如果是零基础初学者，可以尝试打开手机中的夜景模式去拍摄。在光线不足的夜晚拍摄时，使用夜景模式可以提升照片亮部和暗部的细节呈现，以及带来更强大的降噪能力，如图 1-1 所示。

⊙　自动模式：自动模式可以适应大部分的拍摄场景，是最"傻瓜"的拍摄模式，手机相机会根据当前的环境自动调整拍摄参数，用户无须调整任何参数即可拍摄到曝光正常的照片，如图 1-2 所示。

▲ 图 1-1　夜景模式　　　　▲ 图 1-2　自动模式

⊙ 专业模式：在专业模式下，拍摄者可以任意设置照片的拍摄参数，对于感光度、光圈、快门时间等选项都可以根据实际情况进行手动设置，如图 1-3 所示。

⊙ 人像模式：通过人脸美肤、背景模糊、背景色彩增强等方式进行处理，实现了突出人像、美化人像的效果，如图 1-4 所示。

☆专家提醒☆

取景构图时，在夜景模式下，手机相机会对画面进行多次曝光，以此来还原暗部的图像细节，并提升整体的画面亮度，拍摄者需要注意延长手机的曝光时间，从而获得足够明亮、清晰的夜景画面效果。

▲ 图 1-3　专业模式　　　　▲ 图 1-4　人像模式

002　手机慢门，拍出车流光轨大片

在使用手机拍摄慢门时，首先需要了解手机相机最基本的参数，比

如这个手机像素是多少、光圈有多大等。下面以华为 P20 手机为例，介绍手机相机的相关参数。

- ⊙ 摄像头类型：三摄像头（后双）；
- ⊙ 后置摄像头：2000 万像素 +1200 万像素，前置摄像头 2400 万像素；
- ⊙ 传感器类型：BSI CMOS；
- ⊙ 闪光灯：LED 补光灯（双色温）；
- ⊙ 光圈：主 f/2.8+f/1.6；
- ⊙ 视频拍摄：最大可以支持 3840 像素 ×2160 像素。

从上面的数据可以看到，华为手机的拍照功能还是非常强大的，那么具体怎么拍出慢门效果呢？接下来，打开华为 P20 的手机相机，滑动底部拍摄模式，选择"专业"模式，可以看到有 ISO、S、EV、AF、AWB 等选项，其中 S 就是快门，默认为 AUTO（自动），如图 1-5 所示。

☆专家提醒☆

华为 P20 采用了徕卡的色彩配置方案，在颜色表现上非常出色，甚至不比单反相机差，细节也非常棒，特别是内置的"车水马龙"等慢门模式，不受拍摄时间的限制，拍出来的效果更加直观。

另外，在主界面中选择"更多"拍摄选项，进入相应界面，选择"流光快门"模式后，可以看到"车水马龙""光绘涂鸦""丝绢流水""绚丽星轨" 4 种不同类型的慢门模式，用户可以根据自己要拍摄的对象来选择模式，如图 1-6 所示。

如图 1-7 所示，这张在大桥中央拍摄的车流照片，视角十分独特，利用了地面上的引导线将画面分割成垂直对称的构图。左边的车流光影为白色的车头灯，右边的车流光影为红色的车尾灯，色彩对比十分强烈；同时地面的线条由于透视作用汇聚到了一个点，让照片充满纵深感。在拍摄的过程中，用户可以通过不断地调整参数，拍摄一张完美的慢门照片。

专业
模式

慢门
模式

▲ 图 1-5　默认 AUTO 模式　　　▲ 图 1-6　"车水马龙"模式

▲ 图 1-7　大桥中央拍摄的车流照片

☆专家提醒☆

　　在拍摄这张照片时，由于地理位置比较特殊——在桥的中线上，左右两旁都是高速行驶的汽车，所以这样的拍摄方式其实并不安全，只不过当时车流量较小，危险性较低。因此，不建议用户选择这样的拍摄地点，毕竟安全第一。

003　调整快门，拍出清晰的烟花盛宴

快门速度就是"曝光时间"，指相机快门从打开到关闭的时间。快门是控制照片进光量的一个重要部分，控制着光线进入传感器的时间。假如把相机曝光的过程比作用水管给水缸装水的话，快门就是水龙头，水龙头控制出水时间，而相机的快门则控制着光线进入传感器的时间。

手机相机取景框中，快门速度是以 1/100、1/30 等显示的数值，在其下方左右滑动竖排线段，可以任意设置快门速度，这样，就能快速拍摄出清晰的烟花照片，如图 1-8 所示。

▲ 图 1-8　设置较慢的快门速度，拍摄出清晰的烟花照片

004　全景模式，拍摄双重曝光效果

在过去，使用传统相机，需要通过拍摄多张照片进行后期拼接，才能获得全景效果。如今，要想快速拍摄出全景照片，最简单有效的方法就是直接使用手机相机中自带的全景模式，无须后期处理即可轻松获得一张大气的全景照片。

打开手机相机，在镜头模式列表中选择"全景"拍摄模式，开启全

景拍摄模式，按下快门键，然后从左向右水平匀速移动镜头，即可拍摄全景照片，如图 1-9 所示。

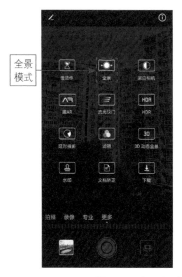

▲ 图 1-9　水平匀速移动镜头拍摄全景照片

用手机拍摄全景照片时，需要注意以下 3 点：

- ⊙　所拍摄的内容范围通常比较大，摄影者必须确保照片中每个部分的光比不要差别太大；
- ⊙　在拍摄时要稳稳地拿好手机，最好是将手机固定在一个水平位置上，这样才能使拍摄出来的全景照片显得更加自然；
- ⊙　在移动手机的过程中，用户可以将手机稍微逆向移动一点，或者将原本垂直放置的手机翻转至水平位置，即可快速结束本次全景拍摄，还可以自由控制全景照片的尺寸，获得相应大小的全景画面。

通常情况下，全景照片都是在一些气势恢宏、场面广阔的地方拍摄的。拍摄的位置离被摄主体较远，这样才能更好地展现被拍摄主体的气势。图 1-10 是在珠穆朗玛峰大本营的雪域高原上拍摄的全景照片，照片中明暗影调的起伏，使高原风光更具立体感。

▲ 图 1-10　在珠穆朗玛峰大本营的雪域高原上拍摄的全景照片

005　HDR 模式，拍出主体的细节画面

　　仍以华为 P20 为例，在相机下方的"更多"列表中选择 HDR 模式后，即可进入 HDR 拍摄模式，不同品牌的手机设置方式可能有差异，大家可以多试一试，找到自己比较中意的模式即可。当拍摄环境的明暗对比非常大时，可以开启手机相机的 HDR（High-Dynamic Range，高动态范围）功能进行拍摄，如图 1-11 所示。

HDR
模式

▲ 图 1-11　用 HDR 功能进行拍摄

在拍摄一些高反差场景时，相机的宽容度可能无法满足拍摄要求，要么暗部区域曝光不足，要么高光区域曝光过度。此时，HDR 动态合成就是解决这一问题的一项摄影技术，它可以将一张照片按照不同的曝光要求分解为多张照片，如高光、暗部、中间调等，然后通过后期软件来将这些照片进行合成处理，从而将照片的动态范围扩大，让画面层次感更强烈，带来符合真实视觉的画面效果。如图 1-12 所示，是一张使用 HDR 模式在一个边境的小镇拍摄的风光照片，非常具有冲击力。

▲ 图 1-12　使用 HDR 模式拍摄的照片

006　绚丽星轨，拍出绚丽星空夜景照片

如梦如幻的夜，繁星密布，当看到这样的夜景时，有没有想把这一幕拍摄下来呢？那么，星轨有什么拍摄技巧呢？拍摄星轨的必要条件是要天气晴朗，没有雾霾。地点选择方面，如果喜欢爬山，可以在山顶上拍摄，尽量离市区远一点，稍微仰拍，这样可以避免地平线附近较强的光污染。

以华为 P20 手机为例，华为手机上带有"绚丽星轨"功能，如果手机上没有"绚丽星轨"功能，可以采用专业模式，在下方滑动参数进行调整，找一个高处进行拍摄，就能拍摄出绚丽的星轨照片了，如图 1-13 所示。华为 P30 的拍星功能更强大了，预算足够的读者可以考虑入手一台。

▲ 图 1-13　拍摄出绚丽的星轨照片

007　光绘涂鸦，让五彩缤纷的光绘在夜空中绽放

　　常用的手机中都带有"光绘涂鸦"功能，可以直接得到想要的照片。以华为 P20 手机为例，这款手机中就自带了"光绘涂鸦"功能。如果用户的手机上没有"光绘涂鸦"功能，可以采用专业模式，通过手动调整参数来进行拍摄。这里需要特别注意，如果用钢丝棉光绘因为其燃烧的时间有起始、发展和高潮，光亮不稳定，所以最好多约几个人一起去拍，这样获得的成品照片会更多一点。

　　拍摄光绘并不难，难在前景人物的拍摄，如果前期拍不好，只有靠后期合成了，这也是一种常见的办法。如图 1-14 所示，是使用华为 P20 拍摄的光绘效果。

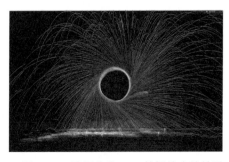

▲ 图 1-14　使用华为 P20 拍摄的光绘效果

008　夜景这样拍，颜色堪比单反

夜景是摄影的难点，即使夜晚的光线不如白天充足，仍有许摄影爱好者热衷于拍摄夜景。为了帮助摄影爱好者更好地拍出美丽的夜景照片，在使用手机拍摄夜景时应遵循"跟着灯光走"的原则。夜景光线的特点在于它既是构成画面的一部分，又给夜景的拍摄提供了必要的照明，使拍摄出来的夜景更加色彩斑斓，如图 1-15 所示。

▲ 图 1-15　拍摄出色彩斑斓的夜景

如图 1-16 所示，用手机相机中的"夜景"模式拍摄的城市夜晚照片，江对面的城市呈现出一片热闹繁荣的景象，闪亮的灯光以及五彩斑斓的广告牌等，都将夜晚的城市点缀得更加迷人，同时也可以让人感受到城市的生活气息。

▲ 图 1-16　城市的夜晚

009　加水印，专属、防盗还美观

　　水印可以凸显照片的拍摄地点，同时也可以展现拍摄时间、天气和日期等信息，手机相机中还有不同的水印样式可以选择，比如心情水印主要用来表达拍摄者的心情。用户如果对水印上的信息不满意，还可以轻松自定义水印文字。在相机中打开"水印"模式，就可以随手拍摄出各种带有水印的照片，如图 1-17 所示。

▲ 图 1-17　拍摄出各种带有水印的照片

010　延时摄影，拍出不一样的时空感

　　延时摄影是指通过拍摄一组照片或者视频片段等形式，在后期将其转换为一段完整的视频，展现事物在几分钟或几个小时内的缓慢变化，使大家在短时间内看到事物的变化过程。既然是延时摄影，那么拍摄对象通常会有一个动态的变化过程，如花开花落、风云变幻、城市中川流不息的人流和车流、清晨到傍晚的天气变化、闪耀流转的星空、山间雾

气和云海的浮动等。

　　现在许多手机都自带有"延时摄影"功能，可以直接进行拍摄，但是需要一个三脚架将手机固定，以免拍出的视频模糊不清。如图 1-18 所示，是笔者在西湖公园对落日进行了延时摄影，记录了落日移动的轨迹。

▲ 图 1-18　在西湖公园对日落的过程进行延时摄影

2 添加创意想法
（其他拍照 APP）

【用户使用默认的相机软件拍摄出来的照片，总是达不到想要的美颜效果。因此，本章主要介绍 13 款常用的拍照 APP，它们能帮助用户拍摄出来的人像照片皮肤更加水润光滑，比如轻颜相机、天天 P 图、画中画相机等，都可以使用户拍出的照片更加与众不同，更具有吸引力。】

011　轻颜相机：轻松学各种自拍摆姿

　　"轻颜相机"APP 中的姿势摆拍是这款软件重点打造的功能，也是用户在拍照时用得最多的功能，而且"轻颜相机"APP 中的各种拍照姿势，都对人像摄影做了很多参数上的优化，用户可以跟着设定好的姿势，直接拍出漂亮的照片效果。

　　打开"轻颜相机"APP，点击下方的"姿势"按钮，在日常类别中选择相应的姿势，按照示例进行拍照，还可以在下方选择更多的姿势，如图 2-1 所示。

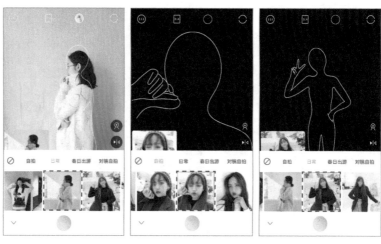

▲ 图 2-1　选择相应的姿势

☆专家提醒☆

　　使用手机拍摄人像时，可以将拍摄角度放低，这样可以使人像在视觉上变高、变瘦；轻颜相机有自带的美颜功能，就算是正脸拍照也不用担心暴露脸上的小瑕疵。

012　天天 P 图：非常有趣的疯狂变脸

　　"天天 P 图"APP 中的"疯狂变脸"功能精选了各种时尚、热门的人物模型，可以通过更换人物的模型来自动更换人物的五官，让你一秒扮出各种古装造型、写真模板等等。注意，一定要选择或拍一张有正脸的照片，而且五官要比较清楚，不然系统是识别不了的。

　　在"天天 P 图"APP 中，点击"疯狂变脸"按钮，选择好模板后，拍摄一张照片，就可以进行换脸，如图 2-2 所示。

▲ 图 2-2　进行各种换脸

013 画中画相机：画中画特效，一拍即得

画中画这个功能对于喜欢艺术效果的人来说，一定是非常熟悉的，"画中画相机"APP 会经常对素材库进行更新，可以让用户体验到不同的画中画效果。

在"画中画相机"APP 中，点击"经典"按钮，就可以直接拍摄出画中画效果；拍摄一张照片后，还可以选择多种画中画样式，如图 2-3 所示；拍照完成后可以预览照片效果，如图 2-4 所示。

▲ 图 2-3　选择相应的画中画样式　　▲ 图 2-4　预览照片效果（摄影师：峰子哥）

014 形色：一键识别花的类型

春天来了，每天上班走在路上总是会看到各种花草植物，其中有些品种是叫得出来名字的，有些虽然样子看着很熟悉，但完全不知道是什么花。如果用户也有同样的感觉，那么可以通过"形色"APP 来识别各种花草树木，拍照后除了能识别花的品种，APP 还会给出有关这种植物

的各种详细信息，包括有关的诗词、植物养护、植物价值、植物趣闻等等，内容非常丰富。

在"形色"APP 中，点击"拍照"按钮，对花进行拍照识别，如图 2-5 所示。

▲ 图 2-5　使用"形色"APP 对花进行拍照识别

点击"生成美图"按钮，即可保存带有诗句的照片，如图 2-6 所示；保存照片，效果如图 2-7 所示。

▲ 图 2-6　点击"生成美图"按钮　　▲ 图 2-7　保存照片后的效果

015　黄油相机：给照片加上极具设计感的文字

"黄油相机"APP 是一款风格文艺清新的软件，提供了多种文字编辑功能，并且精选了海量的贴纸，你可以在线选择各种贴纸，将照片瞬间变得像海报一样好看。

打开"黄油相机"APP，拍摄一张照片，然后选择"元素"工具，点击"花字"按钮，选择相应的花字样式，添加文字和贴纸，如图 2-8 所示。

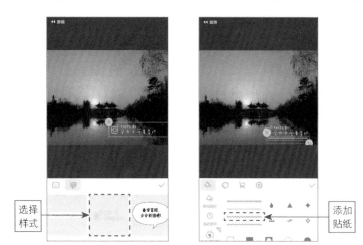

▲ 图 2-8　添加字体和贴纸

选择相应的花字样式后，保存照片，效果如图 2-9 所示。

▲ 图 2-9　保存照片后的效果（摄影师：峰子哥）

016　小小星球（Tiny Planet）：球状炫酷空间感

"小小星球"APP 可以将照片处理成球状，极具空间艺术感，这也是该软件最突出的一种功能。用这款软件的前提是照片棱角比较突出，或者线条多，这样处理的照片效果才会更好。

打开"小小星球"APP，拍摄一张照片：❶进入裁剪界面，❷比例选择 2：1，❸点击"确认"按钮，在弹出的列表框中选择第一个选项，❹进入编辑界面，可以对照片进行相应处理，如图 2-10 所示。

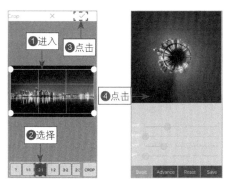

▲ 图 2-10　进行照片处理的界面

在下方 Rotate 选项中，向右拖曳滑块，如图 2-11 所示。最后点击右下角的 Save（保存）按钮，保存照片，效果如图 2-12 所示。

▲ 图 2-11　向右拖曳滑块　　▲ 图 2-12　保存照片后的效果

017 一幅：把普通照片镶进高格调的相框里

把自己拍摄的照片镶进高格调的相框里，可以让照片看起来更有意思，不那么单调。"一幅"APP 专注的就是相框功能，一张普通的照片加个相框，瞬间能让照片变得高端起来。

在"一幅"APP 中，拍摄一张照片，添加相应的画框、背景和卡纸，可以得到不同的边框效果，如图 2-13 所示。

▲ 图 2-13　添加相应的画框、背景和卡纸（摄影师：朝霞）

018　视 +AR：动态创意摄影的增强现实拍摄软件

增强现实（Augmented Reality，简称 AR），是将手机上虚拟的动态应用到真实世界，在手机上生成的虚拟物体叠加到真实场景中，从而实现对现实画面的增强。打开"视 +AR"APP，点击 AR 按钮，用户可以在推荐里面下载喜欢的样式，然后选择一个相应的 AR 样式，进入录制界面，点击或长按快门键都可以录制动态视频，如图 2-14 所示。

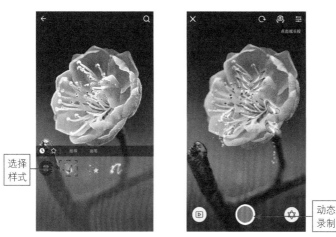

▲ 图 2-14　选择相应的样式进行动态录制

019　激萌：用贴纸拍出可爱的照片效果

目前拍摄软件的主流功能，就是各种有趣可爱的贴纸，用户利用贴纸自拍起来不化妆都很好看，"激萌"APP 主打的就是贴纸功能，还会经常更新一些最近比较火的素材，有可爱的、恶搞的、潮酷的、娱乐的等各种风格，几乎你能想到的贴纸这里都有。在"激萌"APP 中使用贴纸自拍时，要做一些表情，可以充分发挥贴纸的作用，让拍出来的照片更加可爱，效果如图 2-15 所示。

▲ 图 2-15　用贴纸进行各种自拍

020　玩图：神奇的黄金分割线

照片的整体构图基本就决定了这张照片的好坏与否，在同样的色彩、影调和清晰度下，构图更好的照片其美感也会更高。因此，我们在使用手机拍照时可以充分利用相机内的"构图辅助线"功能，帮助我们更好地进行构图，获得更完美的比例。当然，也可以在后期编辑图片时借用九宫格、黄金分割裁剪等功能来实现二次构图。

黄金螺旋线是根据用户的审美习惯产生的黄金比例分割。在"玩图"APP 中，拍摄完一张照片后，可以使用黄金螺旋线裁剪照片，将主体对象放置在黄金分割点上，在线与线交汇处校准好，就能裁剪出完美比例的照片，如图 2-16 所示；利用黄金分割裁剪完照片后，保存照片，效果如图 2-17 所示。

裁剪
照片

▲ 图 2-16　黄金分割裁剪　　　▲ 图 2-17　保存照片后的效果

☆专家提醒☆

在"玩图"APP 界面中，用户可以根据自己的需要选择照片的保存质量，有"高清"和"普通"两种格式，其中"高清"格式的照片占用的存储空间很大。

021　Foodie：多种美食专用滤镜为照片添姿加彩

平常出去玩的时候，看到美食都会忍不住拍照，在白天拍美食的时候，拍出来的照片有时会偏白，那么可以通过"Foodie"APP 来拍摄，这是一个专门为调美食滤镜而生成的 APP，拥有许多关于美食的专用滤镜，它们可以使照片看上去更加秀色可餐。在"Foodie"APP 中，拍摄一张照片后，在下方选择相应的滤镜，可以改变美食色调，如图 2-18 所示。

▲ 图 2-18　对美食添加滤镜

022　魔漫相机：一拍即成漫画

"魔漫相机"APP 主打的功能就是拍照后就能即刻变成漫画的效果，还可以对自己的卡通照片换发色、换背景等等。使用"魔漫相机"APP，拍摄一张照片，进入美妆界面后，可以对自己的发型、眼睛等部位进行调整，还可以添加一些头部的装饰品，让漫画变得更加好看，如图 2-19 所示。

▲ 图 2-19　使用"魔漫相机"APP 进行换装

023　水中倒影（Water Reflection）：制作水中倒影

　　"水中倒影"APP 能够快速为照片生成水中倒影，还可以调整水中倒影的波纹参数，生成极富艺术感的照片效果，用水中倒影功能处理过的照片可以呈现出不一样的视觉效果。在"水中倒影"APP 中，打开一张照片，对照片进行裁剪，适当裁剪后生成的倒影更好看，如图 2-20 所示。

▲ 图 2-20　进行裁剪

调整水波纹的参数后，保存照片，效果如图 2-21 所示。

▲ 图 2-21　保存照片后的效果

【第二篇　Snapseed篇】

▪▪▪3▪▪▪ Snapseed：实用的调整工具

【本章主要介绍利用 Snapseed 软件进行照片后期处理中比较实用的调整工具，只要使用得恰到好处，就能得到令人震惊的照片效果。比如，用户可以通过裁剪、展开、视角等工具，使光影不足的照片变得更加完美。通过本章的学习，可以让用户熟练掌握 Snapseed 中常用工具的使用技巧。】

024 裁剪照片：做减法二次构图

使用"裁剪"工具可以对照片进行裁剪，修改照片的尺寸和比例，使照片中的主体更加突出，下面介绍裁剪照片的操作方法。

Step01 在 Snapseed 中打开一张照片，如图 3-1 所示。

Step02 打开工具菜单，点击"裁剪"工具图标 ⛶，如图 3-2 所示。

▲ 图 3-1 打开照片   ▲ 图 3-2 选择"裁剪"工具

Step03 进入裁剪界面，显示照片控制框界面，如图 3-3 所示。

Step04 手动拖曳四角的 4 个控制柄，调整裁剪框的大小，通过二次构图将建筑放在画面最中心的位置，重点突出建筑，如图 3-4 所示。

Step05 点击右下角的"确认"按钮 ✓，确认裁剪操作，效果如图 3-5 所示。

Step06 ❶点击"导出"按钮 ⛊，弹出列表框；❷选择"保存"选项，如图 3-6 所示。

Step07 保存修改后，照片的最终效果如图 3-7 所示。

▲ 图 3-3　进入裁剪界面

▲ 图 3-4　调整裁剪框的大小

▲ 图 3-5　二次构图

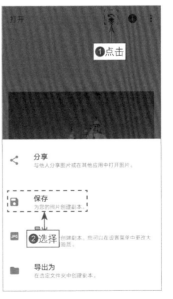

▲ 图 3-6　点击"导出"按钮并保存

▲ 图 3-7　照片效果

025　展开功能：做加法二次构图

在拍摄花卉照片时，由于各种因素的影响，通常很难一次性达到理想的构图效果，那么可在后期处理时，利用 Snapseed 中的"展开"工具，进行自动填充操作，对画面构图进行二次艺术加工。

Step 01 在 Snapseed 中打开一张照片，如图 3-8 所示。

Step 02 打开工具菜单，点击"展开"工具图标 ⭲，进入展开界面，如图 3-9 所示。

▲ 图 3-8　打开照片

▲ 图 3-9　选择"展开"工具

Step03 手动拖曳左边和上边的控制柄，调整控制框的大小和位置，通过二次构图将左边展开，使花卉显得更美观，如图 3-10 所示。

Step04 点击右下角的"确认"按钮 ✓，确认展开操作，效果如图 3-11 所示。

▲ 图 3-10　拖曳控制柄　　　▲ 图 3-11　二次构图

Step05 ❶点击"导出"按钮 ☷，弹出列表框；❷选择"保存"选项，如图 3-12 所示。

Step06 保存修改后，照片的最终效果如图 3-13 所示。

▲ 图 3-12　选择"保存"选项　　　▲ 图 3-13　照片效果

026 视角工具：调整角度和透视

Snapseed 中的"视角"工具可以对倾斜的照片进行校正，使图像恢复至正常状态，瞬间即可优化照片的视觉效果。

Step 01 在 Snapseed 中打开一张照片，如图 3-14 所示。

Step 02 打开工具菜单，点击"视角"工具图标 🔲，进入视角界面，下方有"倾斜""旋转""缩放"和"自由"选项，如图 3-15 所示。

▲ 图 3-14　打开照片　　　　▲ 图 3-15　进入视角界面

Step 03 ❶在下方选择"旋转"选项；❷手动拖曳"旋转"控制柄；❸把图片调整到合适角度，如图 3-16 所示。

Step 04 点击右下角的"确认"按钮 ✓，确认视角操作，效果如图 3-17 所示。

Step 05 ❶点击"导出"按钮 🖼，弹出列表框；❷选择"保存"选项，如图 3-18 所示。

▲ 图 3-16 拖曳控制柄

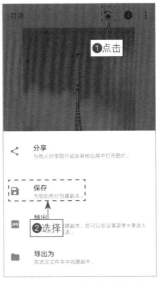

▲ 图 3-17 调整后效果 ▲ 图 3-18 选择"保存"选项

Step 06 保存修改后，预览照片的前后对比效果，如图 3-19 所示。

▲ 图 3-19　预览照片的前后对比效果

027　旋转工具：校正画面的角度

　　在拍摄风光照片时，尤其是花和树木照片时，保持水平的地平线相当重要，但有时照片还是会出现倾斜的情况。对于出现地平线或者建筑物歪斜问题的照片，可以在后期通过"旋转"工具，调整"校正角度"参数，扶正倾斜的建筑。

　　Step 01 在 Snapseed 中打开一张照片，如图 3-20 所示。

　　Step 02 打开工具菜单，点击"旋转"工具图标 ↺，进入旋转界面，上方显示"校直角度"，如图 3-21 所示。

　　Step 03 向左滑动屏幕，调整"校正角度"参数至 -7.22°，如图 3-22 所示。

　　Step 04 点击右下角的"确认"按钮 ✓，确认视角操作，效果如图 3-23 所示。

▲ 图 3-20　打开照片

▲ 图 3-21　进入旋转界面

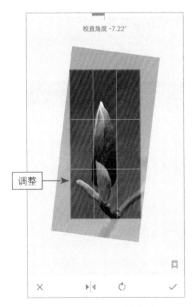

▲ 图 3-22　调整角度

▲ 图 3-23　调整后效果

Step 05 保存修改后，预览照片的前后对比效果，如图 3-24 所示。

旋转前

旋转后

▲ 图 3-24　预览照片的前后对比效果

028　修复工具：修复画面的瑕疵

如果照片中有十分明显的瑕疵或污点，可以在后期通过"修复"工具把瑕疵修复掉，修复工具能够将样本像素的纹理和光照与原像素进行匹配。

Step 01 在 Snapseed 中打开一张照片，如图 3-25 所示。

Step 02 打开工具菜单，点击"修复"工具图标 🔦，进入修复界面，如图 3-26 所示。

Step 03 放大照片到容易处理人物瑕疵的程度，用手指轻轻滑动想要处理的地方，即可进行瑕疵修复，如图 3-27 所示。

| ▲ 图 3-25　打开照片　　　　　　▲ 图 3-26　进入修复界面

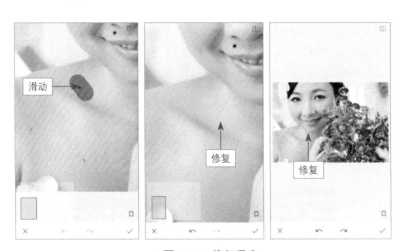

▲ 图 3-27　修复瑕疵

Step04 点击右下角的"确认"按钮 ✓，确认修复操作，效果如图 3-28 所示。

Step05 最终效果如图 3-29 所示。

▲ 图 3-28　修复效果　　　　▲ 图 3-29　照片效果

029　突出细节：有更深的层次感

在拍摄风光照时，要是角度不好，拍出来的照片会让人整体感觉十分平淡，缺少层次感，这说明画面主体还是不够突出。在后期处理时就可以用"突出细节"工具，使层次感看上去更加强烈。

Step01 在 Snapseed 中打开一张照片，如图 3-30 所示。

Step02 打开工具菜单，点击"突出细节"工具图标 ▽，进入突出细节界面，如图 3-31 所示。

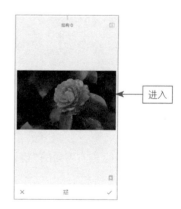

▲ 图 3-30　点击"工具"按钮　　▲ 图 3-31　进入突出细节界面

Step03 ❶垂直滑动屏幕，选择"结构"选项；❷向右滑动屏幕，调整"结构"参数至 90；❸再向右滑动屏幕，调整"锐化"参数至 62，如图 3-32 所示。

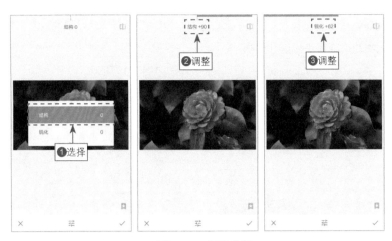

▲ 图 3-32　调整参数

Step04 点击右下角的"确认"按钮 ✓，确认操作，效果如图 3-33 所示。

Step05 保存修改后，照片的局部效果如图 3-34 所示。

▲ 图 3-33　调整后的效果

▲ 图 3-34　照片的局部效果

030 美颜工具：人像肤色更嫩白

用手机拍摄人像照片时，若曝光不足，就会导致人物皮肤发黑，在后期处理时可以用"美颜"工具，起到"提亮"和"嫩肤"的效果，使人物轮廓变得更细腻和清晰。

Step 01 在 Snapseed 中打开一张照片，如图 3-35 所示。

Step 02 打开工具菜单，点击"美颜"工具图标 😊，进入美颜界面，如图 3-36 所示。

▲ 图 3-35 点击"工具"按钮

▲ 图 3-36 进入美颜界面

Step 03 ❶向右滑动屏幕，调整"面部提亮"参数至 76；❷垂直滑动屏幕，选择"嫩肤"选项；❸再向右滑动屏幕，调整"嫩肤"参数至 25；❹用与上同样的方法，调整"亮眼"参数至 10，如图 3-37 所示。

Step 04 点击右下角的"确认"按钮 ✓，确认美颜操作，效果如图 3-38 所示。

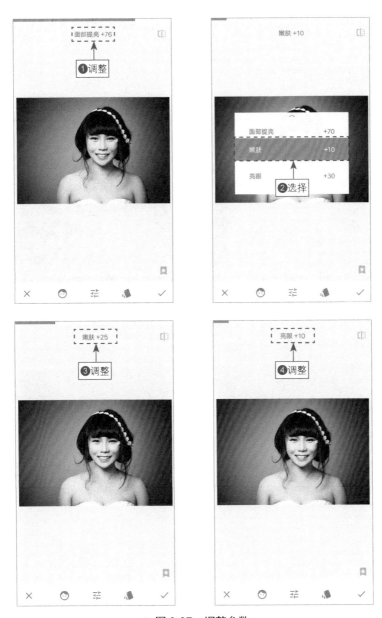

▲ 图 3-37　调整参数

Step 05 最终效果如图 3-39 所示。

▲ 图 3-38　调整后效果　　　　▲ 图 3-39　照片效果

■■■■4■■■ Snapseed：完美
的后期调色

【Snapseed 是一款优秀的手机照片处理软件，可以帮助用户轻松美
化、编辑和分享照片。Snapseed 软件具有十分强大的后期调色功能，
可以优化画面的色调，修复画面的瑕疵，使画面的色彩更能吸引观众
的眼球。本章主要介绍使用 Snapseed 进行后期调色的相关技巧。】

031 原理揭秘：Snapseed 后期调色到底是在调什么？

谁都希望能拍出漂亮的照片，希望照片能更接近于自然的形态。但有时候，直接拍摄出的照片是难以达到摄影者最初预期的，这时候就需要对照片进行后期的调色处理。那么，Snapseed 的后期调色主要调哪些呢？应该包含 3 个内容——色相、纯度、明度，下面分别对它们进行相关介绍。

所有色彩都具有色相、明度和纯度三个要素。每种颜色的固有色彩

表相叫做色相，它是一种颜色区别于另一种颜色的最显著的特征。颜色体系中最基本的色相为赤（红）、橙、黄、绿、青、蓝、紫，将这些颜色中的几种相互混合可以产生许多其他的颜色。颜色是按色轮关系排列的，色轮是表示基本色相之间关系的颜色表，如图 4-1 所示。

▲ 图 4-1　色轮　　　　　明度就是色彩的明暗程度，通常使用 0 ～ 100% 之间的百分比来表示。不同明度的颜色给人的视觉感受不相同，如图 4-2 所示。

▲ 图 4-2　不同明度的画面效果

纯度就是颜色的饱和度，在标准色轮上，饱和度从中心到边缘是逐渐递增的，颜色的饱和度越高，其鲜艳程度也就越高，反之颜色饱和度

越低就越不鲜艳。

　　不同饱和度的颜色会给人带来不同的视觉感受，高饱和度的颜色给人以积极、冲动、活泼、有生气、喜庆的感觉；低饱和度的颜色给人以消极、无力、安静、沉稳、厚重的感觉，如图 4-3 所示。

▲ 图 4-3　不同纯度的画面效果

　　在 Snapseed APP 中，全局调色工具包括：调整图片 ，曲线 ，白平衡 ；局部调色工具包括：局部 、画笔 ，如图 4-4 所示。

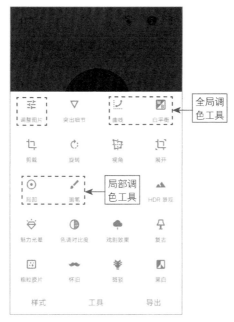

▲ 图 4-4　全局调色工具和局部调色工具

032 调整曝光: 光线不足的照片如何调整成大片?

有时候, 拍的照片对象和构图特别好, 但出现了曝光不足的问题, 这个时候可以通过后期调色来解决, 让拍得美美的片子更加漂亮。

Step 01 ❶在 Snapseed 中打开一张照片; ❷点击"工具"按钮, 如图 4-5 所示。

Step 02 打开工具菜单, 选择"调整图片"工具图标 荓, 如图 4-6 所示。

▲ 图 4-5　点击"工具"按钮　　▲ 图 4-6　选择"调整图片"工具

Step 03 ❶在图片中垂直滑动屏幕, 弹出列表框, 选择"亮度"选项; ❷然后向右滑动屏幕, 调整"亮度"参数至 50, 如图 4-7 所示。

Step 04 ❶用与上同样的方法, 选择"对比度"选项, 然后向右滑动屏幕; ❷分别将"对比度"参数调整为 71、"饱和度"参数调整为 69、"阴影"参数调整为 −23, 具体数值如图 4-8 所示。

Step 05 点击右下角的"确认"按钮 ✓, 确认操作, 点击"导出"按钮, 弹出列表框, 选择"保存"选项, 保存照片, 预览照片的前后对比效果, 如图 4-9 所示。

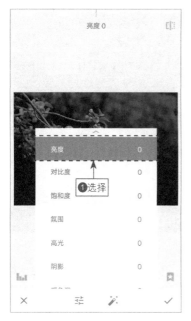

▲ 图 4-7　调整参数

▲ 图 4-8　调整参数

▲ 图 4-9　预览照片的前后对比效果（摄影师：别样）

033　加强对比：将灰暗的风景照片变得更清晰

如果我们出去旅游的时候天气不太好，那么拍出来的照片就会太暗，画面也会偏灰，该怎么办呢？下面介绍将灰暗的风景照片通过去雾变得更清晰，具体操作如下。

Step01　❶在 Snapseed 中打开一张照片；❷点击"工具"按钮，如图 4-10 所示。

Step02　打开工具菜单，选择"HDR 景观"工具 ▲▲ ，如图 4-11 所示。

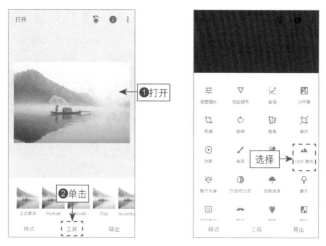

▲ 图 4-10　点击"工具"按钮　　▲ 图 4-11　选择"HDR 景观"工具

Step 03 ❶进入 HDR 景观界面，垂直滑动屏幕，弹出列表框；❷选择"亮度"选项；❸然后向左滑动屏幕，调整"亮度"至 -30；❹设置完成后点击右下角"确认"按钮 ✓，如图 4-12 所示。

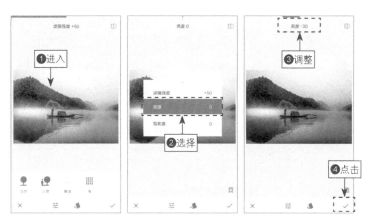

▲ 图 4-12　调整"亮度"参数

Step 04 ❶打开工具菜单，选择"局部"工具 ⊙，进入其调整界面，然后点按图片中的所需区域，放置控制点（控制点为蓝色高亮显示）；❷长按控制点使用放大镜功能可以进行更精确的定位；❸上下滑动屏幕，可以对照片进行 4 种参数的调整，分别是亮度、对比度、饱和度和结构参数，如图 4-13 所示。

▲ 图 4-13　使用放大镜功能和选择"对比度"选项

Step 05 这一步主要是对远处的山和水进行局部处理，调整照片的对比度、饱和度和结构参数，具体数值如图 4-14 所示。

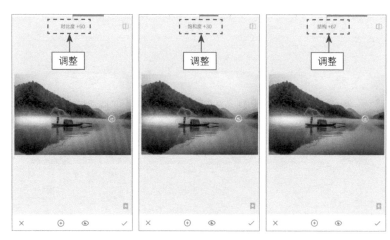

▲ 图 4-14　调整参数

Step 06 导出照片并保存修改后，可以预览照片的调整前后对比效果，如图 4-15 所示。

▲ 图 4-15　预览照片的调整前后对比效果

034　黑白转化：彩色照片变黑白，怎样才能更好看？

Snapseed 中的"黑白滤镜"的原理是传统摄影中的暗室技术，改变照片的调色风格并增加柔化效果，从而创建出忧郁的黑白色调效果，其中"中性"选项可以增添柔化效果，从而使照片变得更好看。下面介绍彩色照片转化为黑白的方法，具体操作如下。

Step 01 ①在 Snapseed 中打开一张照片；②点击"工具"按钮，如图 4-16 所示。

Step 02 ①打开工具菜单，选择"黑白"工具 🔳，点击"类型"按钮 🖌；②选择"中性"样式；③在左下方点击"颜色球"按钮 ◉；④选择"绿"颜色球，如图 4-17 所示。

Step 03 打开工具菜单，选择"突出细节"工具 ▽，进入其调整界面，然后在屏幕上垂直滑动，选择"结构"选项，再水平滑动即可调整参数。这里主要对该照片的"结构"和"锐化"参数进行调整，具体操作如图 4-18 所示。

▲ 图 4-16 点击"工具"按钮

▲ 图 4-17 选择"黑白"工具

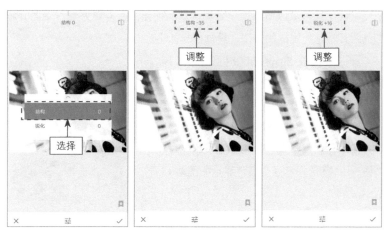

▲ 图 4-18　调整"结构"和"锐化"参数

Step 04 导出照片并保存修改后，最终效果如图 4-19 所示。

▲ 图 4-19　照片效果

035　制造留白：充满意境的中国画写意风格调色

留白，是中国艺术作品创作的一种技巧，是非常具有中国画特征的一种方式。留白具有指向性，能够吸引大家的视线，使大家关注要点。下面介绍给照片留白的方法，具体操作如下。

Step 01 首先准备一张白色的背景图，如图 4-20 所示。

Step 02 ❶在 Snapseed 中打开一张照片；❷点击"工具"按钮，如图 4-21 所示。

 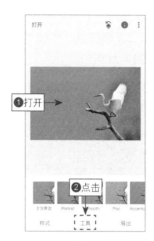

▲ 图 4-20　白色的背景图　　▲ 图 4-21　点击"工具"按钮

Step 03 ❶打开工具菜单，选择"双重曝光"工具 ⊙，点击下方的"添加图片"按钮 ；❷添加第一步中准备的白色背景图；❸点击"小水滴"按钮 ；❹向右拖曳滑块，调节浓度参数；❺最后点击"确认" ✓ 按钮，如图 4-22 所示。

▲ 图 4-22　选择"双重曝光"工具和添加背景图

Step 04 ❶在主屏幕上，点击"撤销"按钮 🦖；❷在弹出的列表框中选择"查看修改内容"选项，如图 4-23 所示。

Step 05 ❶这时，可以看到屏幕右下方弹出了"双重曝光"和"原图"选项，点击左侧工具栏中的"双重曝光"按钮；❷点击"画笔"按钮 🖋，如图 4-24 所示。

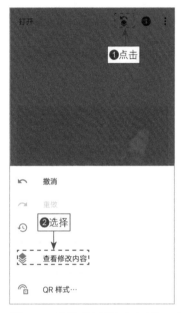 

▲ 图 4-23 选择"查看修改内容"工具 ▲ 图 4-24 点击"双重曝光"工具

Step 06 ❶进入蒙版界面，图片下方中间有一个"双重曝光 100"的数值；❷点击两边的上下箭头可以调高或调低数值；❸通过改变这个数值来调整蒙版的效果；❹操作完成后点击"确认"按钮 ✓，如图 4-25 所示。

Step 07 ❶在工具菜单中，选择"文字"工具 Tr，进入文字界面；❷输入相应的文字内容；❸在下方选择 M4 文字样式；❹点击"颜色"按钮 🎨；❺在弹出的颜色表中选择第五个颜色，如图 4-26 所示。

Step 08 导出照片并保存修改后，预览照片的操作前后对比效果，如图 4-27 所示。

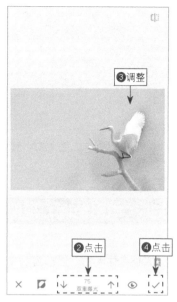

▲ 图 4-25　进行蒙版擦出

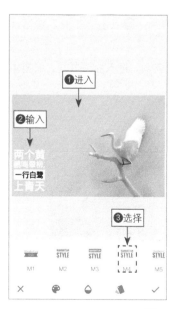

▲ 图 4-26　添加文字

 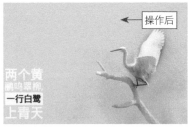

▲ 图 4-27　预览照片的前后对比效果

036　电影色调：模拟电影的超高宽容度和细腻度

人们在休闲的时候都喜欢去看电影，看了电影后总是对电影里的一些画面念念不忘，但是没想到手机也能把照片调出电影色调吧？电影色调的重点在于突出画面颜色的深度与灰度，这里就来介绍一下怎么用软件把照片调出电影色调，具体操作如下。

Step 01　❶在 Snapseed 中打开一张照片；❷点击"工具"按钮，如图 4-28 所示。

Step 02　打开工具菜单，选择"曲线"工具，进入曲线界面，如图 4-29 所示。

▲ 图 4-28　点击"工具"按钮　　▲ 图 4-29　选择"曲线"工具

Step 03 ❶在曲线上添加一个关键帧，调整曲线参数；❷点击"确认"按钮 ✓，返回到主界面，如图 4-30 所示。

Step 04 ❶打开工具菜单，选择"黑白电影"工具，进入黑白电影界面；❷选择下方 C03 样式；❸点击"确认"按钮，如图 4-31 所示。

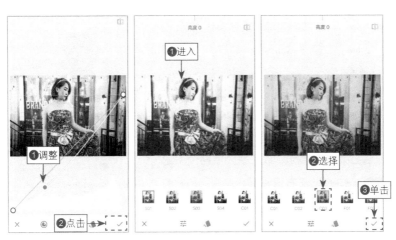

▲ 图 4-30　调整曲线　　　　▲ 图 4-31　选择"样式"

Step 05 导出照片并保存修改后，预览照片的处理前后对比效果，如图 4-32 所示。

▲ 图 4-32　预览照片的处理前后对比效果

037 人像精修：堪比 PS 的人像精修工具

其实，不要以为 Snapseed 只能处理风景照片，Snapseed 对于人像精修也是不在话下的，下面就来看一下 Snapseed 的人像精修功能吧，只要三个工具，即可轻松修饰脸部。具体操作如下。

Step 01 ❶在 Snapseed 中打开一张照片；❷点击"工具"按钮，如图 4-33 所示。

Step 02 ❶打开工具菜单，选择"局部"工具 ⊙，垂直滑动屏幕直至调出"亮"字样；❷点击下方"加号"按钮 ⊕；❸分别调出"亮"字样，放在照片中两个手的位置；❹通过左右滑动屏幕，调整照片的亮度；❺点击"确认"按钮 ✓，如图 4-34 所示。

▲ 图 4-33　点击"工具"按钮

▲ 图 4-34　选择"局部"工具调整亮度

Step 03 ❶点击"修复"工具 ✖️ ，放大图片后点击脸上的瑕疵，即可去掉脸上的瑕疵和痘痘；❷点击"确认"按钮，如图 4-35 所示。

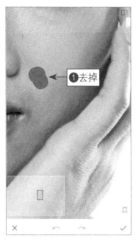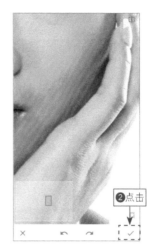

▲ 图 4-35　修复脸上瑕疵

Step 04 ❶在工具菜单中，点击"曲线"工具 ⤴️ ，进入编辑界面；❷点击右下角的"类型"按钮 🔖 ，弹出类型列表；❸选择"调亮"样式，如图 4-36 所示。

▲ 图 4-36　选择"调亮"样式

Step 05 导出照片并保存修改后，预览照片的处理前后对比效果，如图 4-37 所示。

▲ 图 4-37　预览照片的处理前后对比效果

038　日出日落：后期调出强烈的光影对比效果

夕阳西下，波光粼粼的水面反射着金光，引起人们无限的遐想。夕阳也是摄影师们经常拍摄的对象之一。当拍摄出的夕阳照片色彩对比不明显时，在后期处理中可以通过改变"饱和度"来调整照片，再通过"白平衡"里面的"色温"来完善整体的色彩，最后再结合"结构""锐化"操作对照片的色彩、影调进行修饰，从而得到一幅完美的夕阳西下的景色。具体操作如下。

Step 01 ❶在 Snapseed 中打开一张照片；❷点击"工具"按钮，如图 4-38 所示。

Step 02 打开工具菜单，选择"调整图片"工具 ，垂直滑动屏幕，在弹出的列表框中选择"饱和度"选项，如图 4-39 所示。

Step 03 选择某个选项后，水平滑动屏幕即可精确调整数值，这里主要对该照片的饱和度、氛围、高光和阴影 4 个参数进行调整，具体数值如图 4-40 所示；最后点击"确认"按钮 。

Step 04 ❶点击"白平衡"工具 ，垂直滑动屏幕，选择某个选项后，水平滑动屏幕即可调整参数；❷这里主要对该照片的"色温"进行调整，具体数值如图 4-41 所示。

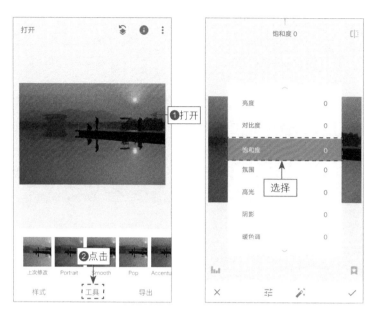

▲ 图 4-38　点击"工具"按钮　　　▲ 图 4-39　选择"调整图片"工具

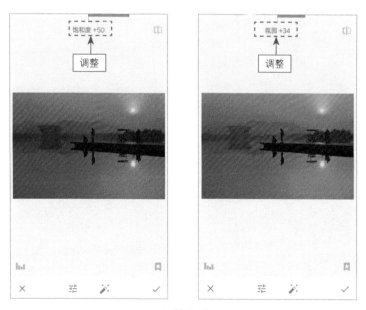

▲ 图 4-40

▲ 图 4-40　调整饱和度、氛围、高光和阴影

▲ 图 4-41　调整"色温"

Step 05 点击"突出细节"工具▽，进入突出细节界面，垂直滑动屏幕，可以选择调整照片的"结构"和"锐化"效果，具体数值如图4-42所示。

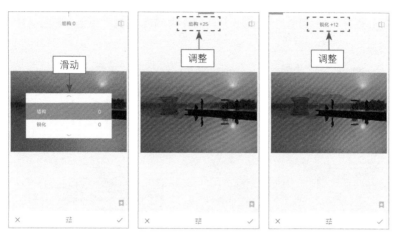

▲ 图4-42 调整"结构"和"锐化"效果

☆专家提醒☆

调整"结构"参数可以增加照片中的细节，参数越大图像越清晰。

Step 06 导出照片并保存修改后，预览照片的处理前后对比效果，如图4-43所示。

▲ 图4-43 预览照片的处理前后对比效果

039 专属风格：自制"水墨画"风格的照片效果

水墨风格能够将普通的照片变得特别有中国风，下面分享的案例，是公众号"水墨摄影"的摄影师别样制作的，笔者特意征得摄影师的同意，将照片的处理过程分享给大家。

Step 01 首先准备一张灰色的背景图，如图 4-44 所示。

Step 02 ❶在 Snapseed 中打开一张照片；❷点击"工具"按钮，如图 4-45 所示。

▲ 图 4-44　点击"工具"按钮　　▲ 图 4-45　选择"调整图片"工具

Step 03 ❶打开工具菜单，选择"双重曝光"工具 ◉，点击下方的"添加图片"按钮 ▣；❷添加第一步中准备的灰色背景图；❸点击"小水滴"按钮 ◌；❹向右拖曳滑块调节浓度参数；❺最后点击"确认" ✓ 按钮，如图 4-46 所示。

Step 04 ❶在主屏幕上，点击"撤销"按钮 ⭮；❷在弹出的列表框中选择"查看修改内容"选项，如图 4-47 所示。

Step05 ❶这时，可以看到右下方弹出了"双重曝光"和"原图"选项，在左侧的工具栏中点击"双重曝光"按钮；❷点击"画笔"按钮⚌，如图 4-48 所示。

▲ 图 4-46　选择"双重曝光"工具和添加背景图

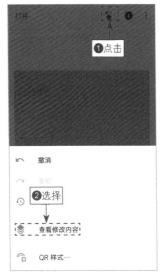

▲ 图 4-47　选择"查看修改
　　　　　内容"工具

▲ 图 4-48　点击"双重曝光"工具

Step06 ❶进入蒙版界面，图片下方中间有一个"双重曝光 100"的数值；❷点击两边的上下箭头可以调高或调低数值；❸通过这个数值来调整蒙版的效果；❹操作完成后点击"确认"按钮 ✓，返回到主界面，如图 4-49 所示。

▲ 图 4-49 进行蒙版擦出

Step07 ❶在工具菜单中，选择"调整图片"工具，垂直滑动屏幕后，选择"饱和度"选项；❷向左滑动屏幕，设置"饱和度"参数为 -100；❸操作完成后点击"确认"按钮 ✓，返回到主界面，如图 4-50 所示。

Step08 ❶在主屏幕上，点击"撤销"按钮，在弹出的列表框中选择"查看修改内容"选项，这时，可以看到右下方弹出了"调整图片""双重曝光"和"原图"选项，在左侧的工具栏中，点击"调整图片"按钮；❷点击"画笔"按钮，进入蒙版界面，图片下方中间有一个"双重曝光 100"的数值；❸通过改变这个数值来调整蒙版的效果；❹操作完成后点击"确认"按钮 ✓，返回到主界面，如图 4-51 所示。

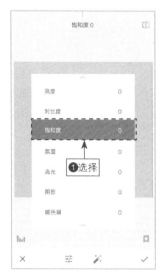

▲ 图 4-50　调整参数

▲ 图 4-51　进行蒙版擦出

Step 09 ❶在工具菜单中，选择"裁剪"工具，手动拖曳四周的 4 个控制柄；❷调整裁剪框的大小；❸进行裁剪，如图 4-52 所示。

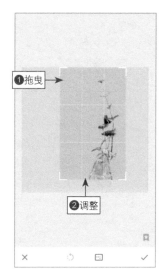
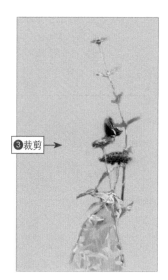

▲ 图 4-52　进行裁剪

Step10　❶在工具菜单中，选择"文字"工具，进入添加文字界面，输入相应的文字内容；❷在下方选择 M4 文字样式；❸然后调整文字的位置和大小，如图 4-53 所示。

▲ 图 4-53　添加"文字"

Step 11 导出照片并保存修改后，预览照片的最终效果，如图 4-54 所示。

▲ 图 4-54　预览照片的最终效果（摄影师：别样）

040　季节转换：快速修出金秋十月的氛围

一张暗淡无光的照片，会失去原有的色彩和细节部分，显得不真实，甚至有点虚化。因此，通过在后期处理照片时运用"白平衡""突出细节""调整图片"等命令，可以加强照片明暗的对比和层次感，营造出金秋十月的氛围。具体操作如下。

Step 01 ❶在 Snapseed 中打开一张照片；❷点击"工具"按钮，如图 4-55 所示。

Step 02 打开工具菜单，选择"白平衡"工具 ▨ ，垂直滑动屏幕选择"色温"，具体数值如图 4-56 所示。

Step 03 ❶点击"突出细节"工具，垂直滑动屏幕，选择某个选项后，水平滑动屏幕即可调整；❷这里主要对该照片的"锐化"进行调整，具体数值如图 4-57 所示。

▲ 图 4-55　点击"工具"按钮　　▲ 图 4-56　调整"色温"

▲ 图 4-57　调整"锐化"

Step04 选择"调整图片"工具，垂直滑动屏幕，选择某个选项后，水平滑动屏幕即可精确调整参数，这里主要对该照片的饱和度、暖色调和氛围 3 个参数进行调整；后点击"确认"按钮，具体数值如图 4-58 所示。

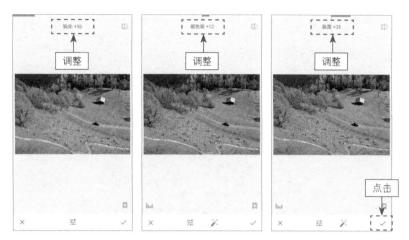

▲ 图 4-58　调整饱和度、暖色调和氛围

Step 05 导出照片并保存修改后，预览照片的调整前后对比效果，如图 4-59 所示。

▲ 图 4-59　预览照片的调整前后对比效果

▪▪▪ 5 ▪▪▪ Snapseed: 不同风格的滤镜

【滤镜在照片中的运用非常重要，只要拿捏得恰到好处，都能创造出令人震惊的照片效果。在后期处理中，可以通过不同的滤镜选择，使光影不足的风光照片变得更加完美。本章主要通过对照片的各种滤镜的使用，来介绍风光照片的调色技巧。】

041 样式调整：快速修片、提高效率的利器

在拍摄时因为天气或拍摄时间的影响，有些照片的色彩比较暗淡，且层次不分明。此时通过 Snapseed 中的"样式"可以快速处理照片，使照片的色彩明艳。

Step01 在 Snapseed 中打开一张照片，如图 5-1 所示。

Step02 从右向左滑动"样式"列表，选择 Faded Glow 样式，照片四周出现暗角，画面主体更加突出，如图 5-2 所示。

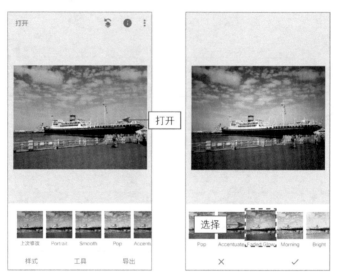

▲ 图 5-1　打开照片　　　▲ 图 5-2　选择 Faded Glow 样式

Step03 选择 Bright 样式，四周呈白色，出现类似肖像画的效果，如图 5-3 所示。

Step04 选择 Silhouette 样式，呈现类似老电影怀旧的效果，如图 5-4 所示。

Step05 选择 Morning 样式，增加了照片的整体饱和度，使照片变得更加明亮，如图 5-5 所示。

Step06 点击右下角的"确认"按钮 ✓，确认样式操作，如图 5-6 所示。

▲ 图 5-3　选择 Bright 样式　　　▲ 图 5-4　选择 Silhouette 样式

▲ 图 5-5　选择 Morning 样式　　　▲ 图 5-6　确认样式操作

Step 07 ❶点击"导出"按钮 ，弹出列表框；❷选择"保存"选项，如图 5-7 所示。

Step 08 保存修改后，照片的最终效果如图 5-8 所示。

▲ 图 5-7 选择"保存"选项　　　▲ 图 5-8　照片效果

042　魅力光晕：让照片画面变得柔和

在照片上使用"魅力光晕"滤镜，可以使照片变得更加柔和。

Step 01 在 Snapseed 中打开一张照片，如图 5-9 所示。

Step 02 打开工具菜单，选择"魅力光晕"工具 ☺，进入魅力光晕界面，如图 5-10 所示。

▲ 图 5-9　打开照片　　▲ 图 5-10　进入魅力光晕界面

Step 03 ❶选择下方 4 样式；❷点击下方"调整图片"按钮 ，弹出列表框，如图 5-11 所示。

▲ 图 5-11　选择样式

Step 04 选择"光晕"选项，向右滑动屏幕，分别设置"光晕"参数为 82、"饱和度"参数为 -24，如图 5-12 所示。

▲ 图 5-12　调整参数

Step 05 点击右下角的"确认"按钮 ，确认操作，保存并导出照片后，预览照片的调整前后对比效果，如图 5-13 所示。

▲ 图 5-13　预览照片的调整前后对比效果（摄影师：如是）

043　色调对比度：精确控制照片的曝光

一般刚拍摄出来的风光照片的画面会整体偏浑浊，因此在后期处理中使用"色调对比度"对照片的色调进行调整，可以使照片变得更加清晰。

Step01 在 Snapseed 中打开一张照片，如图 5-14 所示。

Step02 打开工具菜单，选择"色调对比度"工具 ◑，进入色调对比度界面，如图 5-15 所示。

▲ 图 5-14　打开照片　　　▲ 图 5-15　进入色调对比度界面

Step03 ❶点击下方的"调整图片"按钮 ，弹出列表框；❷垂直滑动屏幕，选择"高色调"选项，如图 5-16 所示。

Step04 向右滑动屏幕，设置"高色调"参数为 76，如图 5-17 所示。

▲ 图 5-16　选择"高色调"选项　　▲ 图 5-17　调整参数

Step05 用与上同样的方法，调整"中色调"参数为 73、"低色调"参数为 65、"保护阴影"参数为 10、"保护高光"参数为 75，如图 5-18 所示。

▲ 图 5-18

▲ 图 5-18　调整参数

☆专家提醒☆

点击"调整图片"按钮 ，垂直滑动屏幕，出现的各选项含义如下。
- ⊙ 中色调：可以调整照片中的亮度和清晰度，使照片看上去更柔和。
- ⊙ 保护阴影：可以单独调整照片中阴影部分的明暗程度。
- ⊙ 保护高光：可以单独调整照片中高光部分的明暗程度。

Step 06 点击右下角的"确认"按钮 √，确认操作，保存并导出照片后，预览照片的局部效果，如图 5-19 所示。

▲ 图 5-19　预览照片的局部效果

044　HDR 景观：反映真实环境的视觉效果

对于风光摄影照片来说，良好的影调分布能够体现光线的美感。用户可以在后期处理中通过 Snapseed 中的"HDR 景观"工具，调整照片的光线视觉效果。在"HDR 景观"工具里，还可以改变照片亮度和饱和度的效果。

Step 01 在 Snapseed 中打开一张照片，如图 5-20 所示。

Step 02 打开工具菜单，选择"HDR 景观"工具 ▲▲，进入 HDR 景观界面，默认选择"自然"样式 ●，如图 5-21 所示。

▲ 图 5-20　打开照片　　　▲ 图 5-21　进入 HDR 景观界面

Step 03 分别点击"人物"样式 ●、"精细"样式 ▦、"强"样式 ▦，可以得到照片的不同效果，如图 5-22 所示。

Step 04 ❶选择"自然"样式，点击"调整图片"按钮 ≢，弹出列表框；❷垂直滑动屏幕，选择"滤镜强度"选项，如图 5-23 所示。

Step 05 向右滑动屏幕，设置"滤镜强度"参数为 71，如图 5-24 所示。

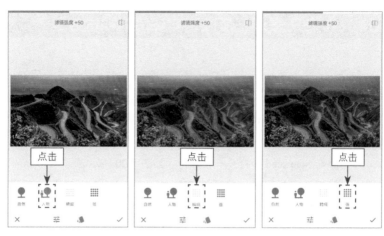

▲ 图 5-22　显示样式效果

▲ 图 5-23　选择"滤镜强度"选项

▲ 图 5-24　调整参数

Step 06 点击右下角的"确认"按钮 ✓，确认操作，保存并导出照片后，预览照片的处理前后对比效果，如图 5-25 所示。

▲ 图 5-25 预览照片的处理前后对比效果

045 斑驳效果：改变影调体现不同韵味

在 Snapseed 的后期处理中，使用"斑驳效果"功能可以调整照片的样式参数，使照片更具有视觉冲击力，使照片的主题更加突出，更好地表达出照片的含义。

Step 01 在 Snapseed 中打开一张照片，如图 5-26 所示。

Step 02 打开工具菜单，选择"斑驳效果"工具 🌿，进入斑驳效果界面，默认显示随机样式，如图 5-27 所示。

▲ 图 5-26 打开照片　　▲ 图 5-27 进入斑驳效果界面

Step 03 点击下方的"样式"按钮 ⫻，弹出样式列表框，如图 5-28 所示。

Step 04 分别点击"3"样式、"5"样式，照片会呈现出不同的效果，如图 5-29 所示。

▲ 图 5-28 点击"样 式"按钮   ▲ 图 5-29 查看照片的不同效果

Step 05 选择"3"样式，点击右下角的"确认"按钮 ✓，确认操作，保存并导出照片后，预览照片的最终效果，如图 5-30 所示。

▲ 图 5-30 预览照片的最终效果

☆专家提醒☆

    在图像编辑界面中，用户可以随时点击 🔄 按钮撤销操作，也可以点击 ⦂ 按钮设置主题背景，更改照片的大小、格式和画质。

046　复古效果：流行复古风唤起怀旧之感

不知不觉流行起了复古风，给照片加一个滤镜就能回到爸妈年轻时候的时代。Snapseed 提供了多种复古风格的滤镜，给照片使用这些特殊的滤镜效果，可以制作出不同的风格特效。

Step01 在 Snapseed 中打开一张照片，如图 5-31 所示。

Step02 打开工具菜单，选择"复古"工具 ♀，进入复古界面，选择"8"样式，如图 5-32 所示。

▲ 图 5-31　打开照片　　　▲ 图 5-32　进入复古界面

Step03 分别点击"3"样式、"4"样式、"10"样式、"12"样式，照片呈现出不同的效果，如图 5-33 所示。

Step04 ❶选择"3"样式，点击"调整图片"按钮，弹出列表框；❷垂直滑动屏幕，选择"亮度"选项，如图 5-34 所示。

Step05 向左滑动屏幕，设置"亮度"参数为 -29，如图 5-35 所示。

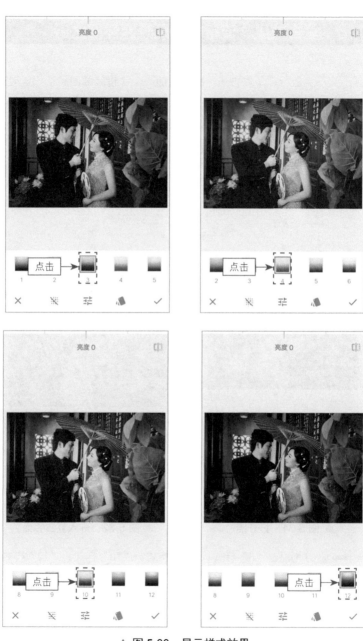

▲ 图 5-33　显示样式效果

▲ 图 5-34　选择"亮度"选项　　　▲ 图 5-35　调整参数

Step06 用与上同样的方法，设置"饱和度"参数为 –23，如图 5-36 所示。

Step07 点击左下方的"背景模糊"按钮 ⬚，使照片的背景更加模糊，突出人物主体，效果如图 5-37 所示。

▲ 图 5-36　调整参数　　　▲ 图 5-37　点击"背景模糊"按钮

Step08 点击右下角的"确认"按钮 ✓，确认操作，保存并导出照片后，预览照片的最终效果，如图 5-38 所示。

▲ 图 5-38　预览照片的最终效果

☆专家提醒☆

　　点击"导出"按钮后，在弹出的列表框中点击"分享"按钮，可以把制作好的照片分享到朋友圈等社交平台。此外点击"导出"按钮后，即可为用户的照片创建副本，在"设置"菜单中可以更改照片的大小、格式和画质等属性。

047　怀旧效果：制作带有逼真怀旧效果的图片

　　在 Snapseed 中，使用"怀旧"工具可以给建筑、风景或桌椅等照片调出怀旧的风格，还可以根据不同的照片，调出不同的怀旧风格，使照片更加符合适当时代的特点，更容易使人产生一种怀旧的情感。

　　Step01 在 Snapseed 中打开一张照片，如图 5-39 所示。

　　Step02 打开工具菜单，选择"怀旧"工具 ～，进入怀旧界面，默认选择"1"样式，如图 5-40 所示。

　　Step03 ❶从右向左滑动屏幕，选择"11"样式，点击"调整图片"按钮，弹出列表框；❷垂直滑动屏幕，选择"亮度"选项，如图 5-41 所示。

　　Step04 向左滑动屏幕，设置"亮度"参数为 -26，如图 5-42 所示。

▲ 图 5-39　打开照片

▲ 图 5-40　进入怀旧界面

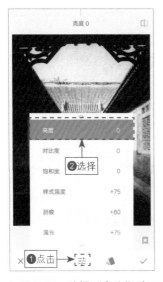

▲ 图 5-41　选择"亮度"选项

▲ 图 5-42　调整参数

Step 05 用与上同样的方法，设置"对比度"参数为 -44、"饱和度"参数为 10，如图 5-43 所示。

▲ 图 5-43 调整参数

Step 06 点击右下角的"确认"按钮 ✓，确认操作，保存并导出照片后，预览照片的最终效果，如图 5-44 所示。

▲ 图 5-44 预览照片的最终效果

048　黑白效果：实现照片的黑白单色处理

Snapseed 向用户提供了多种不同风格的黑白滤镜，有明亮的，也有昏暗的，应用这些黑白滤镜，可以让人感觉画面更加简单明了。

Step01 在 Snapseed 中打开一张照片，如图 5-45 所示。

Step02 打开工具菜单，选择"黑白"工具，进入黑白界面，显示"中性"样式，如图 5-46 所示。

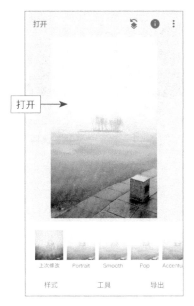

▲ 图 5-45　打开照片　　　　▲ 图 5-46　进入黑白界面

Step03 从右向左滑动屏幕，选择"昏暗"样式，如图 5-47 所示。

Step04 ❶点击"调整图片"按钮，弹出列表框；❷垂直滑动屏幕，选择"亮度"选项，如图 5-48 所示。

Step05 向左滑动屏幕，分别设置"亮度"参数为 -30、"对比度"参数为 50，如图 5-49 所示。

Step06 点击右下角的"确认"按钮 ✓，确认操作，保存并导出照片后，预览照片的最终效果，如图 5-50 所示。

▲ 图 5-47　选择"昏暗"样式

▲ 图 5-48　选择"亮度"选项

▲ 图 5-49　调整参数

▲ 图 5-50　照片的最终效果（摄影师：梵高）

■■■■6■■■■ Snapseed：局部
精细化修片

【修图对于现代的人来说，是发朋友圈之前必须经历的一种操作，修过的照片可以更显气质、更漂亮，因此在大家心中占有很重要的位置。特别是局部修图，在 Snapseed 的后期处理中，就有很多种局部精细修片的方法，能使同一张照片呈现出多种不一样的风格，让照片有一个更为生动的展现。】

049 局部工具：把普通食物照片修成商业美食大片

局部修图能使照片的主题更加突出，在 Snapseed 后期中使用"局部"工具，可以让平淡的照片变得更加精美，轻轻松松修出大片范儿。

Step 01 在 Snapseed 中打开一张照片，如图 6-1 所示。

Step 02 打开工具菜单，选择"局部"工具⊙，进入局部界面，显示"加号"按钮⊕，如图 6-2 所示。

▲ 图 6-1　打开照片

▲ 图 6-2　进入局部界面

Step 03 ❶点击下方"加号"按钮；❷分别调出 3 个"亮"字样的按钮，放在食物上，如图 6-3 所示。

Step 04 点击"亮"字样按钮，垂直滑动屏幕，会显示亮度、对比度、饱和度、结构等参数选项，如图 6-4 所示。

Step 05 选择"亮度"选项，向右滑动屏幕，设置"亮度"参数为 34。用与上同样的方法，设置"对比度"参数为 25、"饱和度"参数为 19、"结构"参数为 -50，如图 6-5 所示。

▲ 图 6-3　点击下方加号按钮

▲ 图 6-4　显示参数

▲ 图 6-5

▲ 图 6-5　调整参数

Step 06 ❶点击下方"加号"按钮；❷分别调出 2 个"亮"字样，放在画面最右上角和最左下角，如图 6-6 所示。

Step 07 ❶选择"亮度"选项；❷向右滑动屏幕，分别设置 2 个"亮"字样的"亮度"参数为 100，如图 6-7 所示。

▲ 图 6-6　点击下方加号按钮　　　▲ 图 6-7　调整参数

Step 08 点击右下角的"确认"按钮 ✓，确认操作，保存并导出照片后，预览照片的处理前后对比效果，如图 6-8 所示。

▲ 图 6-8　预览照片的处理前后对比效果

050　背景修饰：制作黑色背景图效果

黑色背景就是将照片画面中背景的颜色去掉，只保留主体的颜色，在 Snapseed 中就能轻松实现这种效果，使照片更有意境和魅力。

Step 01 在 Snapseed 中打开一张照片，如图 6-9 所示。

Step 02 打开工具菜单，选择"局部"工具 ⊙，进入局部界面，下方显示"加号"按钮 ⊕，如图 6-10 所示。

▲ 图 6-9　打开照片　　　　▲ 图 6-10　进入局部界面

Step03 ❶点击下方加号按钮；❷分别调出 8 个"亮"字样按钮，分散放在背景图上，如图 6-11 所示。

Step04 分别把 8 个按钮放到适合的位置，依次选择 8 个按钮，分别选择"亮度"选项，向左滑动屏幕，设置"亮度"参数为 -100，如图 6-12 所示。

▲ 图 6-11　调出"亮"字样按钮

▲ 图 6-12　调整参数

Step05 点击右下角的"确认"按钮 ✓，确认操作，保存并导出照片后，预览照片的处理前后对比效果，如图 6-13 所示。

▲ 图 6-13　预览照片的处理前后对比效果

051　色彩分离：针对多种色彩分离处理

有时候我们在拍摄照片时，背景颜色太过于突出，掩盖了主体，此时可以在 Snapseed 后期中，将照片背景与主体的颜色进行分离，把过于突出的背景颜色变暗，使照片整体看上去更加美观。

Step 01 在 Snapseed 中打开一张照片，如图 6-14 所示。

Step 02 ❶打开工具菜单，选择"黑白"工具 🔺，进入黑白界面，下方显示"类型"按钮 🖌；❷选择"对比"样式；❸点击"确认"按钮，如图 6-15 所示。

▲ 图 6-14　打开照片　　▲ 图 6-15　选择"对比"样式

Step 03 ❶返回主界面，点击"撤销"按钮 🔄；❷弹出列表框，选择"查看修改内容"选项，如图 6-16 所示。

Step 04 ❶这时，可以看到右下方弹出了"黑白"和"原图"选项；❷在左侧的工具栏中，点击"黑白"按钮；❸点击"画笔"按钮 ☑，如图 6-17 所示。

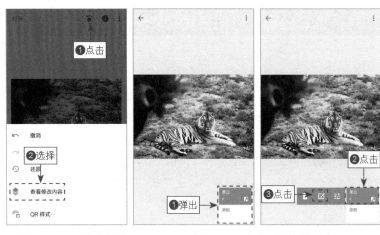

▲ 图 6-16　选择"查看
修改内容"工具

▲ 图 6-17　点击"黑白"按钮

Step 05 进入蒙版界面，图片下方中间有一个"黑白100"的数值，点击两边的上下箭头可以调高或调低数值，通过改变这个数值来调整蒙版的效果，如图 6-18 所示。

Step 06 ①点击下方的"倒置"按钮 ；②对画面中的老虎进行蒙版擦除；③然后点击右下角的"确认"按钮，返回主界面，如图 6-19 所示。

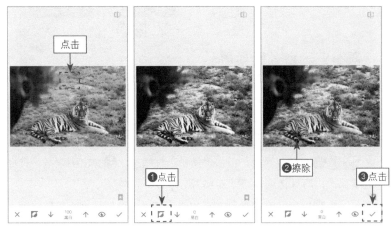

▲ 图 6-18　进入蒙版界面

▲ 图 6-19　进行蒙版擦除

Step 07 保存并导出照片后，预览照片的处理前后对比效果，如图 6-20
所示。

▲ 图 6-20　预览照片的处理前后对比效果

052　运用蒙版：照片只保留一种颜色

在拍花的照片中，花太多就会使照片看上去很乱、很杂。这时，通
过 Snapseed 后期处理就可以只保留一种颜色。

Step 01 在 Snapseed 中打开一张照片，如图 6-21 所示。

Step 02 ❶打开工具菜单，选择"黑白"工具 🔳，进入黑白界面，下
方显示"类型"按钮 🔘；❷选择"昏暗"样式；❸点击"确认"按钮，
如图 6-22 所示。

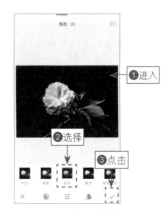

▲ 图 6-21　打开照片　　▲ 图 6-22　进入黑白界面

Step03 ❶返回到主界面，点击"撤销"按钮 ⬙，弹出列表框；❷选择"查看修改内容"选项，如图 6-23 所示。

Step04 ❶这时，可以看到右下方弹出了"黑白"和"原图"选项；❷在左侧的工具栏中，点击"黑白"按钮；❸点击"画笔"按钮 ，如图 6-24 所示。

Step05 进入蒙版界面，图片下方中间有一个"黑白 100"的数值，点击两边的上下箭头可以调高或调低数值，通过改变这个数值来调整蒙版的效果，如图 6-25 所示。

Step06 ❶点击下方的"隐藏"按钮 ◉；❷把"黑白"数值调到 100；❸图片边缘要用两根手指触屏放大，然后进行蒙版擦除；❹之后点击右下角的"确认"按钮 ✓，如图 6-26 所示，返回主界面。

▲ 图6-24　点击"黑白"按钮

▲ 图 6-25　进入蒙版界面　　　　▲ 图 6-26　进行蒙版擦除

Step 07 保存并导出照片，预览照片的处理前后对比效果，如图 6-27 所示。

▲ 图 6-27　预览照片的处理前后对比效果

053　镜头模糊：做出逼真的大光圈虚化效果

镜头模糊主要的作用就是模拟大光圈镜头的景深效果，可以设置主体对象前后的清晰范围，营造出背景虚化的效果，从而实现突出主体的目的。

Step 01 在 Snapseed 中打开一张照片，如图 6-28 所示。

Step 02 打开工具菜单，选择"镜头模糊"工具⊙，进入镜头模糊界面，显示"模糊圈"按钮⊙，如图 6-29 所示。

▲ 图 6-28　打开照片　　▲ 图 6-29　进入镜头模糊界面

Step 03 点击"模糊圈"按钮，滑动屏幕，调整模糊的大小和位置，如图 6-30 所示。

Step 04 向右滑动屏幕，设置"模糊强度"参数为 91，如图 6-31 所示。

▲ 图 6-30　调整大小和位置　　▲ 图 6-31　调整参数

Step05 ❶点击"调整图片"按钮 ￥，弹出列表框；❷垂直滑动屏幕，选择"过渡"选项；❸向右滑动屏幕，设置"过渡"参数为 40，如图 6-32 所示。

▲ 图 6-32　调整参数

☆专家提醒☆

"镜头模糊"包括以下 3 个参数。

⊙　模糊强度：可以增加或降低模糊效果的程度。

⊙　过渡：可以设置内焦点和模糊区域之间的淡出距离，使模糊过渡得更平滑。

⊙　晕影强度：用于控制图片边缘的明暗，并在模糊效果中融入晕影。

Step06 点击右下角的"确认"按钮 ✓，确认操作，保存并导出照片后，预览照片的前后对比效果，如图 6-33 所示。

▲ 图 6-33　预览照片的前后对比效果

054　画笔工具：美化人物的肤质更有仙味

Snapseed 中的"画笔"效果，可以有选择性地改变照片的局部效果，其主要功能包括改变亮度、曝光、色温和饱和度等数值，可以选择性调整照片的局部效果。

Step01 在 Snapseed 中打开一张照片，如图 6-34 所示。

Step02 打开工具菜单，选择"画笔"工具 ✎，进入画笔界面，下方显示"加光减光"按钮 ✎、"曝光"按钮 ✎、"色温"按钮 ✎、"饱和度"按钮 ✎，点击上下箭头可以调高或调低相应数值，如图 6-35 所示。

▲ 图 6-34　打开照片

▲ 图 6-35　进入画笔界面

Step03 ❶点击"加光减光"按钮，把数值调到 10；❷滑动屏幕涂抹人物部分，如果涂得太亮，可以点击箭头调出"橡皮擦"功能，把多余部分擦除即可，效果如图 6-36 所示。

Step04 ❶点击"曝光"按钮，把数值调到 0.3；❷滑动屏幕涂抹照片的背景部分，使照片整体显得更有"仙味儿"，如图 6-37 所示。

▲ 图 6-36　涂抹人物　　　　▲ 图 6-37　涂抹照片背景

Step 05 点击右下角的"确认"按钮 ✓，确认操作，保存并导出照片后，预览照片的处理前后对比效果，如图 6-38 所示。

▲ 图 6-38　预览照片的处理前后对比效果

☆专家提醒☆

"画笔"工具中的各选项含义如下。

⊙　加光减光：用于调整照片中所选区域的明暗程度。

⊙　曝光：可以增加或降低照片中所选区域的曝光量。

⊙　色温：用于调整照片中所选区域内的冷色调。

⊙　饱和度：用于提高或降低所选区域内的色彩明度。

055 晕影工具：添加暗角让主体更突出

暗角就是指画面四个角呈现暗色，这是一种特殊的画面效果，暗角在无形之间形成了画面框架，可以在一定程度上突出拍摄的主体。

Step 01 在 Snapseed 中打开一张照片，如图 6-39 所示。

Step 02 打开工具菜单，选择"晕影"工具 ◻，进入晕影界面，显示一个"中心点"按钮，如图 6-40 所示。

▲ 图 6-39　打开照片

▲ 图 6-40　进入晕影界面

Step 03 ❶点击"中心点"按钮，滑动屏幕，调到适合的位置；❷用食指和中指滑动屏幕，调节"中心尺寸"的大小为 35，如图 6-41 所示。

Step 04 向左滑动屏幕，设置"外部亮度"参数为 -93，如图 6-42 所示。

Step 05 ❶点击"调整图片"按钮 ᶾ≢，弹出列表框；❷垂直滑动屏幕，选择"内部亮度"选项；❸向右滑动屏幕，设置"内部亮度"参数为 32，如图 6-43 所示。

▲ 图 6-41　调节"中心尺寸"　　▲ 图 6-42　调节"外部亮度"

▲ 图 6-43　调整参数

Step06 点击右下角的"确认"按钮 ✓，确认操作，保存并导出照片后，预览照片的处理前后对比效果，如图 6-44 所示。

▲ 图 6-44　预览照片的处理前后对比效果

056　双重曝光：抠图更换照片的背景

双重曝光可以让两张照片重叠在一起，用局部替换照片的方法，实现抠图换背景的效果。除了下面介绍的例子，大家可以举一反三，其实画面中原本的月亮也是通过这种方法来添加的。

Step 01　首先准备一张背景照片，如图 6-45 所示。

Step 02　在 Snapseed 中打开一张照片，如图 6-46 所示。

▲ 图 6-45　背景图

▲ 图 6-46　打开照片

Step03 打开工具菜单，选择"双重曝光"工具 ⊙，进入双重曝光界面，下方显示"添加图片"按钮 🖼，如图 6-47 所示。

Step04 ❶点击"添加图片"按钮 🖼；❷添加背景照片；❸然后点击"小水滴"按钮 ⊙；❹调节浓度；❺最后点击"确认"按钮 ✓，如图 6-48 所示。

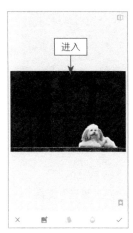

▲ 图 6-47　进入双重曝光界面

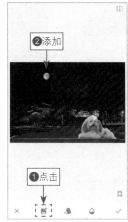

▲ 图 6-48　添加背景照片

Step05 ❶点击"撤销"按钮 ⟲，弹出列表框；❷选择"查看修改内容"选项，可以看到右下方弹出了"双重曝光"和"原图"选项；❸点击"双重曝光"按钮，在左侧的工具栏中；❹点击"画笔"按钮 ☑，如图 6-49 所示。

Step06 进入蒙版界面，如图 6-50 所示，图片下方中间有一个"双重曝光 100"的数值，点击上下箭头可以调高或调低数值，通过改变这个数值来调整蒙版的效果。

Step07 ❶点击下方"隐藏"按钮 ⊙；❷把"双重曝光"数值调到 100；❸边缘要放大进行蒙版擦除；❹然后点击右下角的"确认"按钮，如图 6-51 所示。

▲ 图 6-49 选择"查看修改内容"选项和点击"双重曝光"工具

▲ 图 6-50 进入蒙版界面

▲ 图 6-51 进行蒙版擦除

Step 08 返回主界面，保存并导出照片后，预览照片的处理前后对比
效果，如图 6-52 所示。

▲ 图 6-52　预览照片的处理前后对比效果

7 Snapseed：文字的个性玩法

【文字，不仅可以把自己想表达的内容写出来，还可以用来交代照片主体的思想感情。Snapseed 软件提供了给照片制作文字的各种方法，而且还能自定义文字内容，让用户的创意尽情地发挥，可以使用户轻松制作出精美的文字效果。本章主要介绍文字的多种个性玩法。】

057 文字让照片更有故事

在后期给拍摄的风光照片修图的时候，很多人都喜欢给照片添加一些文字，文字对照片起到了附加说明的作用。通过对照片添加文字排版，能使照片变得更加有特点，同时也点明了照片的主题思想，表达了拍摄者的情感。

Step 01 在 Snapseed 中打开一张照片，如图 7-1 所示。

Step 02 打开工具菜单，选择"文字"工具 Tt，进入文字界面，下方显示了多种文字样式，如图 7-2 所示。

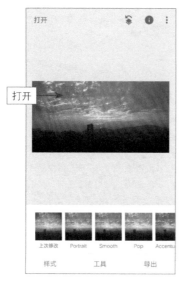

▲ 图 7-1　打开照片

▲ 图 7-2　进入文字界面

Step 03 ❶点击"在此处点按两次即可更改文本"字样，弹出"文字"窗口，在其中输入相应文字内容；❷点击"确定"按钮，如图 7-3 所示。

Step 04 ❶点击下方文字样式，滑动屏幕；❷选择 L1 文字样式，如图 7-4 所示。

Step 05 ❶点击"颜色"按钮 ；❷在下方弹出的颜色条中，选择第 6 个颜色，如图 7-5 所示。

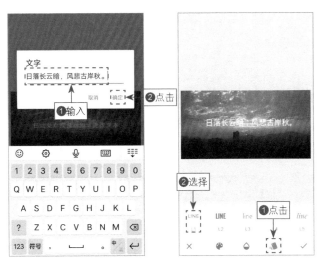

▲ 图 7-3　输入文字　　　▲ 图 7-4　选择文字样式

Step 06 用食指和中指点击文字，把文字调整到适合的位置，如图 7-6 所示。

▲ 图 7-5　选择文字颜色　　▲ 图 7-6　调整文字到适合的位置

Step 07 点击右下角的"确认"按钮 ✓，确认操作，保存并导出照片后，预览照片的处理前后对比效果，如图 7-7 所示。

日落长云暗，风悲古岸秋。

▲ 图 7-7　预览照片的处理前后对比效果

058　添加边框并进行简单排版

添加边框也是后期处理风光照片中必不可少的步骤，好看而合适的边框，还可以增加照片的艺术效果，使照片更具有吸引力。

Step01 在 Snapseed 中打开一张照片，如图 7-8 所示。

Step02 打开工具菜单，选择"文字"工具 Tт，进入文字界面，下方显示了多种文字样式，如图 7-9 所示。

▲ 图 7-8　打开照片　　▲ 图 7-9　进入文字界面

Step03 ❶点击"在此处点按两次即可更改文本"字样，弹出"文字"窗口，输入一个空格；❷然后点击"确定"按钮；❸在下方滑动屏幕选择 N2 文字样式，如图 7-10 所示。

Step 04 用食指和中指点击图形，滑动屏幕将其放大，然后移动图形样式到照片中间的位置，如图 7-11 所示。

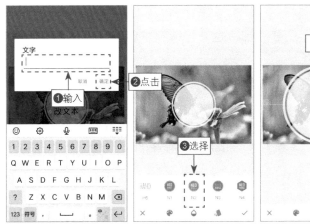

▲ 图 7-10　输入空格和选择文字样式　　▲ 图 7-11　调整位置

Step 05 ❶点击"小水滴"按钮◌；❷点击"倒置"按钮▱，如图 7-12 所示。

Step 06 ❶点击"颜色"按钮❀；❷在弹出的颜色条中选择第 10 个颜色，如图 7-13 所示。

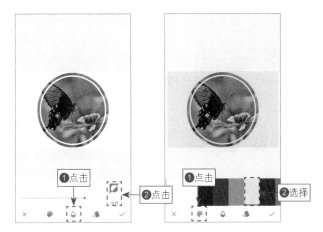

▲ 图 7-12　点击"倒置"按钮　　▲ 图 7-13　选择颜色

Step 07 点击右下角的"确认"按钮 ✓，确认操作，保存并导出照片后，预览照片的处理前后对比效果，如图 7-14 所示。

▲ 图 7-14　预览照片的处理前后对比效果

059　制作海报文字效果

▲ 图 7-15　打开照片

海报有宣传的作用，那么怎样让海报上的文字不呆板呢？用户可以在后期处理图片的过程中通过 Snapseed 中的"文字"工具，来制作与图片的图形、色彩等要素呼应的文字效果，使照片更具有特色。

Step 01 在 Snapseed 中打开一张照片，如图 7-15 所示。

Step 02 打开工具菜单，选择"文字"工具 Tᴛ，进入文字界面，下方显示了多种文字样式，如图 7-16 所示。

Step 03 ❶点击"在此处点按两次即可更改文本"字样，弹出"文字"窗口，输入相应文字；❷点击"确定"按钮；❸在下方滑动屏幕选择 L2 文字样式，如图 7-17 所示。

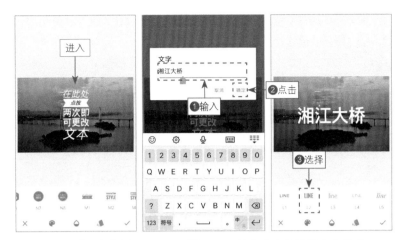

▲ 图 7-16　进入文字界面　　　▲ 图 7-17　输入文字和选择文字样式

Step 04 用食指和中指点击文字，滑动屏幕放大文字，然后将文字移动到照片中间的位置，如图 7-18 所示。

Step 05 ❶点击"小水滴"按钮◌；❷点击"倒置"按钮▱，如图 7-19 所示。

▲ 图 7-18　调整位置

▲ 图 7-19　点击"倒置"按钮

Step 06 点击右下角的"确认"按钮 ✓，确认操作，保存并导出照片后，预览照片的最终效果，如图 7-20 所示。

▲ 图 7-20 最终效果图

060 制作淡入淡出文字效果

为风光照片添加文字时，如果文字样式太正式会显得有些单调，用户可以在 Snapseed 处理图片后期中，给文字制作一些淡入淡出的效果，使文字底部呈现虚化的效果。

Step 01 在 Snapseed 中打开一张照片，如图 7-21 所示。

Step 02 打开工具菜单，选择"文字"工具 Tt，进入文字界面，下方显示了多种文字样式，如图 7-22 所示。

▲ 图 7-21 打开照片

▲ 图 7-22 进入文字界面

Step03 ❶点击"在此处点按两次即可更改文本"字样，弹出"文字"窗口，输入相应文字；❷然后点击"确定"按钮；❸在下方滑动屏幕选择 L2 文字样式，如图 7-23 所示。

Step04 ❶点击"颜色"按钮；❷在弹出的颜色条中选择倒数第 5 个颜色，如图 7-24 所示。

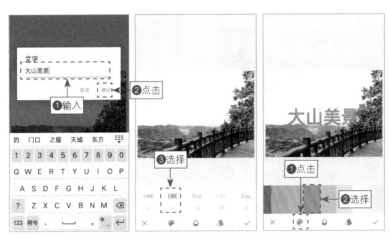

▲ 图 7-23　输入文字和选择文字样式　　　▲ 图 7-24　选择颜色

Step05 ❶点击文字，把文字调整到适合的位置；❷点击"确认"按钮，返回到主界面，如图 7-25 所示。

Step06 ❶点击"撤销"按钮，界面底部弹出列表框；❷选择"查看修改内容"选项，如图 7-26 所示。

Step07 ❶这时，可以看到右下方弹出了"文字"和"原图"选项；❷在左侧的工具栏中，点击"文字"选项；❸点击"画笔"按钮，如图 7-27 所示。

Step08 进入蒙版界面，图片下方中间有一个"文字 100"的数值，点击上、下箭头可以调高或调低数值，通过改变这个数值来调整蒙版的效果，如图 7-28 所示。

Step09 ❶点击下方"倒置"按钮；❷将"文字"数值调到 0，放大屏幕；❸对文字底部进行擦除操作；❹点击右下角的"确认"按钮，如图 7-29 所示。

▲ 图 7-25　调整位置　　　　　▲ 图 7-26　选择"查看修改内容"选项

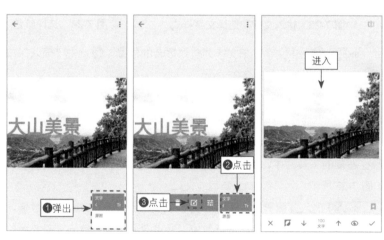

▲ 图 7-27　点击"文字"按钮　　　▲ 图 7-28　进入蒙版界面

Step 10 返回主界面，保存并导出照片后，预览照片的处理前后对比效果，如图 7-30 所示。

▲ 图 7-29　进行蒙版擦除

▲ 图 7-30　预览照片的处理前后对比效果

061　制作重叠文字效果

在许多的摄影作品中，文字起到了很重要的作用。本实例主要介绍通过 Snapseed 为图片制作文字重叠效果，使文字与图片中的画面融为一体。

Step01 在 Snapseed 中打开一张照片，如图 7-31 所示。

Step02 打开工具菜单，选择"文字"工具 ⊤⊤，进入文字界面，下方显示了多种文字样式，如图 7-32 所示。

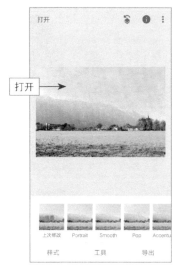

▲ 图 7-31　打开照片　　　　▲ 图 7-32　进入文字界面

Step03 ❶点击"在此处点按两次即可更改文本"字样，弹出"文字"窗口，输入相应文字；❷点击"确定"按钮，在下方滑动屏幕选择 L1 文字样式，点击"颜色"按钮 🎨，在弹出的颜色条中，设置文字的颜色；❸然后将文字调整到适合的位置；❹点击"确认"按钮，回到主界面，如图 7-33 所示。

Step04 ❶点击"撤销"按钮 🔄，弹出列表框；❷选择"查看修改内容"选项，如图 7-34 所示。

Step05 ❶这时，可以看到右下方弹出了"文字"和"原图"选项，在左侧的工具栏中点击"文字"按钮；❷点击"画笔"按钮 🖊，如图 7-35 所示。

Step06 进入蒙版界面，图片下方中间有一个"文字 100"的数值，点击上下箭头可以调高或调低数值，通过改变这个数值来调整蒙版的效果，如图 7-36 所示。

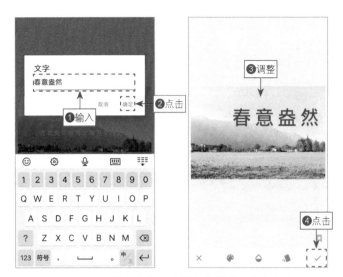

▲ 图 7-33　输入文字、选择文字样式和文字颜色

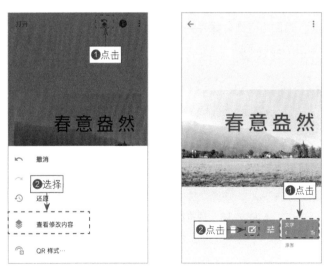

▲ 图 7-34　选择"查看修改内容"选项　　▲ 图 7-35　点击"文字"按钮

Step 07 ❶点击下方的"倒置"按钮 ，❷将"文字"数值调到 0，放大屏幕；❸对文字底部进行擦除操作；❹然后点击右下角的"确认"按钮，如图 7-37 所示。

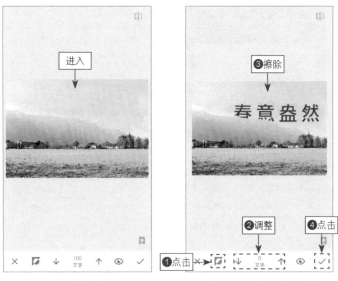

▲ 图 7-36 进入蒙版界面　　　▲ 图 7-37　进行蒙版擦除

Step 08 返回主界面，保存并导出照片后，预览照片的处理前后对比效果，如图 7-38 所示。

▲ 图 7-38　预览照片的处理前后对比效果

8 美图秀秀：有趣的玩法

【由于智能手机的不断更新换代，现在手机拍照的像素也越来越高，很多人都享受用手机拍照的乐趣，可是真正懂得用手机摄影和后期处理照片的人却寥寥无几。因此，用户可以用一些较为简单的APP，来美化照片。美图秀秀就是一款多功能处理照片的后期软件，能快速优化照片的画面效果。】

062　PS 精修也难以匹敌的修花技巧

春天是拍花的季节，但春天雨水多，拍摄时会受到天气的影响，如果是阴天拍出来的花朵画面会比较灰暗，跟我们想要的花朵照片不一样，这个时候该怎么办呢？下面来教大家用美图秀秀修出 PS 难以实现的惊艳之花的照片技巧。

Step01 ❶打开美图秀秀，点击"美化图片"按钮；❷打开要处理的照片，如图 8-1 所示。

▲ 图 8-1　打开美图秀秀和要处理的照片

Step02 选择"增强"工具 ，进入增强界面，下方有"智能补光" 按钮、"亮度" 按钮、"对比度" 按钮以及"锐化" 按钮等，如图 8-2 所示。

Step03 分别设置"对比度"参数为 17、"锐化"参数为 7、"饱和度"参数为 40、"色温"参数为 –50、"暗角"参数为 20，如图 8-3 所示。

▲ 图 8-2　进入增强界面　　　　　　▲ 图 8-3

▲ 图 8-3　调整各个参数

Step 04 点击"确认"按钮，返回到主界面，如图 8-4 所示。

Step 05 从右向左滑动屏幕，点击"文字"按钮 ⓣ，进入文字界面，如图 8-5 所示。

Step 06 ❶选择"水印"选项中的第 2 个样式，点击文本框输入相应文字，将默认的英文和数字删除（直接按空格）；❷将文字移动到照片的右上角，如图 8-6 所示。

▲ 图 8-4　点击"确认"按钮　　▲ 图 8-5　点击"文字"按钮

☆专家提醒☆

除了可以通过文字编辑面板中的滑块来控制文字的大小外，还可以通过拖曳文字四周的控制点来调整文字的大小和位置。

▲ 图 8-6　选择"水印"选项、输入文字和调整位置

Step 07 点击"确认"按钮，返回到主界面，如图 8-7 所示。

Step 08 点击右上角的"确认"按钮，保存照片，最终效果如图 8-8 所示。

返回

▲ 图 8-7　点击"确认"按钮　　▲ 图 8-8　最终效果

063　用马赛克功能更换人物的背景画面

马赛克不仅可以方便用户对照片中的局部进行特效处理，还可以用来更换人物的背景画面，可以为照片增加一些浪漫柔和的元素，从而使照片变得更加有意境。

Step 01 ❶打开美图秀秀，点击"美化图片"按钮，打开需要处理的照片；❷从右向左滑动屏幕，点击"马赛克"按钮▨，如图 8-9 所示。

Step 02 ❶进入马赛克操作界面；❷向左滑动屏幕选择第 12 个样式，如图 8-10 所示。

Step 03 ❶点击"人像保护"按钮，弹出列表框，选择"人像保护"选项；❷此时画面中的人像就会被固定，如图 8-11 所示。

▲ 图 8-9　打开照片　　▲ 图 8-10　进入马赛克界面和选择样式

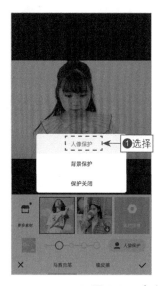

▲ 图 8-11　点击"人像保护"按钮

Step 04 ❶点击"马赛克笔"按钮；❷将画笔调整到最大；❸进行背景涂抹，如图 8-12 所示。

▲ 图 8-12　进行涂抹

Step 05 操作完成后，点击"确认"按钮，返回到主界面，如图 8-13 所示。

Step 06 点击右上角的"确认"按钮，保存照片，最终效果如图 8-14 所示。

▲ 图 8-13　返回到主界面　　　▲ 图 8-14　最终效果

☆专家提醒☆

　　用户可以根据照片的不同风格，用马赛克里的多种素材，来更换适合照片的背景效果，"橡皮擦"功能可以擦去涂抹错误的地方。

064　个性的贴纸，创作属于自己的照片

　　用户在使用美图秀秀的时候，如果觉得照片太单调，可以添加一些贴纸，让照片看上去更加生动可爱。

Step01 打开美图秀秀，点击"美化图片"按钮，打开需要处理的照片，如图 8-15 所示。

Step02 从右向左滑动屏幕，选择"贴纸"工具🗘，进入贴纸界面，下方显示"贴纸"按钮，如图 8-16 所示。

▲ 图 8-15　打开照片　　　▲ 图 8-16　进入贴纸界面

Step03 滑动"更多"选项右侧的贴纸标签，分别选择五角星里面的"鹿角"样式、爱心里面的"爱心"样式、云朵里面的"翅膀"样式，依次

调整贴纸到合适大小，放到画面中合适的位置，如图 8-17 所示。

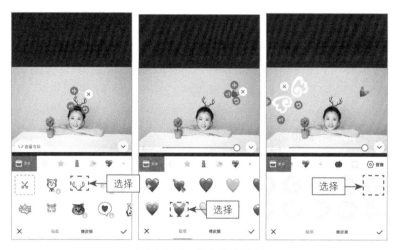

▲ 图 8-17　添加多个贴纸

Step 04 点击"确认"按钮，返回到主界面，如图 8-18 所示。

Step 05 点击右上角的"确认"按钮，保存照片，最终效果如图 8-19 所示。

▲ 图 8-18　点击"确认"按钮　　　　▲ 图 8-19　最终效果

065 用"增高"功能来拉长画面中的人物

在这个以瘦为美的时代，腿越纤长越好，高挑的身材是多少人都想要的。使用美图秀秀中的"增高塑形"工具，就可以实现瞬间"增高"。本实例主要介绍如何使人物的腿显得更长。

Step01 ❶打开美图秀秀，点击"人像美容"按钮；❷打开需要处理的照片，如图 8-20 所示。

▲ 图 8-20 打开照片

Step02 从右向左滑动屏幕，选择"增高塑形"工具，进入增高塑形界面，下方显示"增高"和"瘦腿"按钮，如图 8-21 所示。

Step03 点击图片中的增高区域框进行区域调整，如图 8-22 所示。

Step04 调整完需要"增高"的区域后，向右拖曳滑块，进行区域"增高"，如图 8-23 所示。

Step05 操作完成后，点击"确认"按钮，返回到主界面，如图 8-24 所示。

▲ 图 8-21　进入增高塑形界面

▲ 图 8-22　进行区域调整

▲ 图 8-23　进行区域"增高"

▲ 图 8-24　返回到主界面

☆专家提醒☆

　　用户要是觉得还达不到自己想要"增高"的效果，可以继续调整想要增高的区域，向右拖曳滑块，进行"增高"。

Step 06 点击右上角的"确认"按钮，保存照片，预览照片的调整前后对比效果，如图 8-25 所示。

▲ 图 8-25　预览照片的调整前后对比效果

066　用瘦脸瘦身功能打造性感的曲线

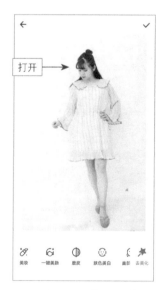

▲ 图 8-26　打开照片

这是一个非常厉害的功能，也是美图秀秀主打的功能，不仅能瘦脸还能瘦腿和瘦腰，你想要"瘦"哪里都能做到，接下来就用它来打造性感的身材吧。

Step 01 打开美图秀秀，点击"人像美容"按钮，打开需要处理的照片，如图 8-26 所示。

Step 02 从右向左滑动屏幕，选择"瘦脸瘦身"工具 &，进入瘦脸瘦身界面，下方显示"瘦脸范围"按钮，如图 8-27 所示。

Step 03 ❶用食指和中指点击放大人像脸部；❷将滑块向左滑到第 1 个选项；❸进行"瘦脸"操作，如图 8-28 所示。

▲ 图 8-27　进入瘦脸瘦身界面　　▲ 图 8-28　进行"瘦脸"操作

Step04 用食指和中指点击缩小图片；❶将滑块向右滑到第 4 个选项；❷进行"瘦腰"操作；❸把画图调整到腿部，进行"瘦腿"操作，如图 8-29 所示。

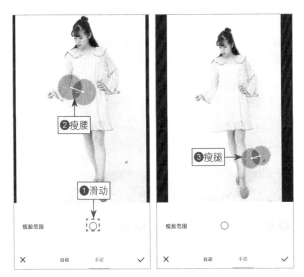

▲ 图 8-29　进行"瘦腰"和"瘦腿"操作

Step 05 点击"确认"按钮，返回到主界面，然后点击右上角的"确认"按钮，保存照片，预览照片的处理前后对比效果，如图 8-30 所示。

▲ 图 8-30　预览照片的处理前后对比效果

067　九宫格拼图，秀朋友圈的姿势就是帅

最近在朋友圈很火的九宫格拼图，就是用美图秀秀 APP 制作的。美图秀秀里的拼图功能可以拼出各种不同的效果，简直是秀朋友圈必备的一个技能，下面就来学习一下用九宫格拼出"爱心"的方法吧。

Step 01 先准备一张白底图片，如图 8-31 所示。

Step 02 打开美图秀秀，点击"拼图"按钮，进入拼图界面，显示相册的照片，如图 8-32 所示。

Step 03 ❶导入 9 张照片，第 1、2、3、4、5、7 添加白底图片，第 6、8、9 添加照片；❷在下方选择第 3 个样式。制作完成后，点击右上角的"确认"按钮，制作第一张图，完成步骤后的图片效果如图 8-33 右侧所示。

▲ 图 8-31　白底照片　　　　▲ 图 8-32　显示相册的照片

▲ 图 8-33　添加照片

Step04 重复步骤 2～3 的操作，用同样的方法制作第 2 张图，❶导入 9 张照片，第 1、3、5 添加白底照片，4、6、7、8、9 添加照片；❷选择下方的第 3 个样式，完成步骤后的图片效果如图 8-34 右侧所示。

▲ 图 8-34　添加照片

Step 05 用同样的方法制作第 3 张图，❶导入 9 张照片，第 1、2、3、5、6、9 张添加白底照片，4、7、8 张添加照片；❷选择下方的第 3 个样式，完成步骤后的图片效果如图 8-35 右侧所示。

▲ 图 8-35　添加照片

Step 06 用同样的方法制作第 4 张图，❶导入 9 张照片，第 7 张添加白底照片，1、2、3、4、5、6、8、9 张添加照片；❷选择下方的第 3 个样式，完成步骤后的图片效果如图 8-36 右侧所示。

▲ 图 8-36 添加照片

Step 07 用同样的方法制作第 5 张图，❶导入 9 张照片，9 张照片填满；❷选择下方第 3 个样式，完成步骤后的图片效果如图 8-37 右侧所示。

▲ 图 8-37 添加照片

Step 08 用同样的方法制作第 6 张图，❶导入 9 张照片，第 9 张添加
白底照片，1、2、3、4、5、6、7、8 添加照片；❷选择下方第 3 个样式，
完成步骤后的图片效果如图 8-38 右侧所示。

▲ 图 8-38　添加照片

Step 09 用同样的方法制作第 7 张图，❶导入 9 张照片，第 1、2、4、5、
6、7、8、9 张添加白底照片，第 3 张添加照片；❷选择下方第 3 个样式，
完成步骤后的图片效果如图 8-39 右侧所示。

▲ 图 8-39　添加照片

Step 10 用同样的方法制作第 8 张图，❶导入 9 张照片，第 7、9 张添加白底照片，第 1、2、3、4、5、6、8 张添加照片；❷选择下方第 3 个样式，完成步骤后的图片效果如图 8-40 右侧所示。

▲ 图 8-40　添加照片

Step 11 用同样的方法制作第 9 张图，❶导入 9 张照片，第 2、3、4、5、6、7、8、9 张添加白底照片，第 1 张添加照片；❷选择下方第 3 个样式，完成步骤后的图片效果如图 8-41 右侧所示。

▲ 图 8-41　添加照片

Step 12 将制作完成的9张效果照片，❶按顺序全部添加到拼图界面；❷选择下方第 3 个样式，如图 8-42 所示。

Step 13 点击"确认"按钮，返回到主界面，然后点击右上角的"确认"按钮，保存照片，最终效果如图 8-43 所示。

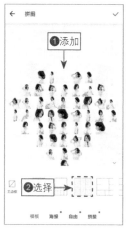

▲ 图 8-42 添加九张效果照片   ▲ 图 8-43 最终效果

068 涂鸦笔功能让一张普通照片变得奇幻

用户可以通过美图秀秀中的"涂鸦笔"工具，对照片进行涂鸦，让照片变得更加梦幻，使照片更加具有艺术感。

Step 01 打开美图秀秀，点击"美化图片"按钮，打开需要处理的照片，如图 8-44 所示。

Step 02 从右向左滑动屏幕，选择"涂鸦笔"工具 ✍，进入涂鸦界面，下方显示"画笔"和"更多素材"按钮，如图 8-45 所示。

Step 03 在界面下方从右向左滑动屏幕，选择"星星"样式，在人物裙子上进行滑动涂抹，星星效果就出来了。用与上同样的方法，选择"羽毛"和"雪花"样式，对背景进行涂抹，如图 8-46 所示。

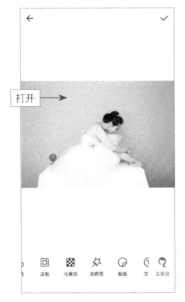

▲ 图 8-44　打开照片

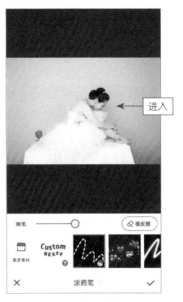

▲ 图 8-45　进入涂鸦界面

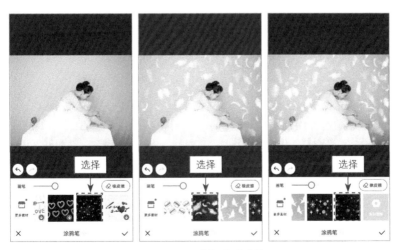

▲ 图 8-46　进行涂鸦涂抹

Step 04 点击"确认"按钮，返回到主界面，后点击右上角的"确认"按钮，保存照片，预览照片的处理前后对比效果，如图 8-47 所示。

▲ 图 8-47 预览照片的处理前后对比效果

069 给照片添加个性相框，让照片更有氛围！

用户在拍摄个人照或全家福照片时，可以根据照片的风格为其添加相应的边框，使照片更具有氛围，同时也可以起到突出主体的作用。

Step 01 打开美图秀秀，点击"美化图片"按钮，打开需要处理的照片，如图 8-48 所示。

Step 02 ❶选择"边框"工具回，进入边框界面；❷点击左边的"更多素材"按钮，如图 8-49 所示。

▲ 图 8-48 打开照片　　▲ 图 8-49 进入边框界面

Step 03 单点右上角的"一键下载"，就可以查看不同的边框样式，如图 8-50 所示。

▲ 图 8-50　查看不同的边框样式

Step 04 选择喜欢的边框，确定并保存即可，最终效果如图 8-51 所示。

▲ 图 8-51　最终效果图（摄影师：林建成）

070 美图 AI 捏脸，贴近真实相貌的动漫化身

　　美图秀秀不仅可以修图，还可以根据用户的自拍照生成动漫形象，生成的动漫形象像为用户量身定做的一样，与真人十分相似。下面就来介绍使用美图秀秀绘制属于自己的动漫形象的操作方法。

　　Step01 ❶打开美图秀秀，点击"美图 AI"按钮；❷进入动漫绘制形象界面，如图 8-52 所示。

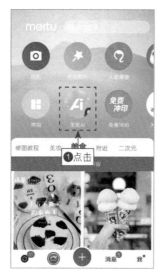

▲ 图 8-52　点击"美图 AI"按钮

　　Step02 点击"点我变身"按钮，弹出列表框，如图 8-53 所示。

　　Step03 ❶选择"打开相机"选项，拍摄一张照片，系统会自动检测所拍的照片；❷检测完成后会生成一张属于自己的卡通形象照片，如图 8-54 所示。

　　Step04 点击"下一步"按钮，下方显示"装扮"和"捏脸"功能，还有一个视频窗口，可以让动漫人物跟你一起做动作，进行表情调整，如图 8-55 所示。

　　Step05 点击"装扮"按钮，给动漫人物进行换装，如图 8-56 所示。

▲ 图 8-53　点击"点　　　　▲ 图 8-54　检测照片绘制卡通形象
　　我变身"按钮

Step 06　换装完成后，点击一下屏幕，返回上一操作界面，点击"捏脸"
按钮，可以给动漫人物切换脸型，如图 8-57 所示。

Step 07　换脸完成后，点击一下屏幕，再点击"拍照"按钮，❶进入
保存界面；❷点击"保存"按钮，如图 8-58 所示，即可保存照片。

 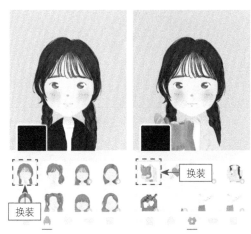

▲ 图 8-55　进行表情调整　　　　　▲ 图 8-56

▲ 图 8-56　给动漫人物进行换装

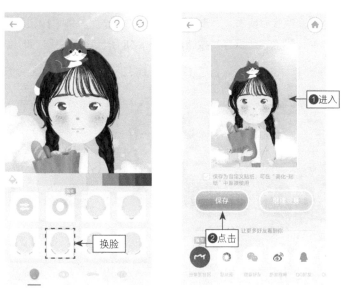

▲ 图 8-57　给动漫人物切换脸型　　▲ 图 8-58　点击"保存"按钮

Step 08 保存照片后，动漫形象的最终效果如图 8-59 所示。

▲ 图 8-59　最终效果图

071　利用智能优化功能，迅速提升照片格调

美图秀秀 APP 具有非常强大的智能美化功能，可以帮助用户快速优化各种类型的照片，得到不同的效果。

Step 01 打开美图秀秀，点击"美化图片"按钮，打开照片，如图 8-60 所示。

Step 02 选择"智能优化"工具 ♀，进入智能优化界面，下方显示"原图""自动""美食"等按钮，如图 8-61 所示。

Step 03 点击下方"静物"按钮，即可自动优化图片，如图 8-62 所示。

Step 04 点击"确认"按钮，返回到主界面，后点击右上角的"确认"按钮，保存照片，预览照片的最终效果，如图 8-63 所示。

▲ 图 8-60　打开照片　　▲ 图 8-61　进入智能优化界面

▲ 图 8-62　点击"静 物"按钮　　▲ 图 8-63　预览照片的最终效果

072　一键美颜，即刻呈现精致娇容

美图秀秀 APP 的"一键美颜"功能可以让图片中的人物肌肤瞬间完美无瑕，简直是傻瓜式操作，并提供多个美颜级别，为用户量身打造美丽容颜。

Step 01 打开美图秀秀，点击"人像美容"按钮，打开需要处理的照片，如图 8-64 所示。

Step 02 选择"一键美颜"工具 ⑥，进入一键美颜界面，显示"自然""白皙""氧气"等按钮，如图 8-65 所示。

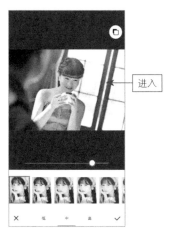

▲ 图 8-64 打开照片　　▲ 图 8-65 进入一键美颜界面

Step 03 ❶点击下方"白皙"按钮；❷向右拖曳滑块，即可快速美化人像照片，如图 8-66 所示。

▲ 图 8-66 点击"白皙"按钮美白人像

Step 04 点击"确认"按钮，返回到主界面，后点击右上角的"确认"按钮，保存照片，预览照片的处理前后对比效果，如图 8-67 所示。

▲ 图 8-67　预览照片的处理前后对比效果

■■■9■■■ MIX：化腐朽为神奇

【MIX 滤镜大师软件中内置了 100 多款创意滤镜，40 多款经典纹理，并具有十分完善的专业参数调节工具，可以帮助用户轻松修片，为用户带来创意无限的修片体验，一键使手机照片呈现出媲美单反大片的视觉效果。本章主要介绍使用 MIX APP 修图的具体操作方法。】

073 用滤色滤镜只留下你想要的颜色

MIX 滤镜包括"彩色反转胶片""即显效果""电影色"和"影调魅力"等效果，滤镜类型比较丰富，我们可以根据照片不同的色调来使用不同的滤镜效果。本实例主要介绍如何使用滤色滤镜留住画面中想要的颜色。

Step 01 在 MIX 中，❶点击"编辑"按钮 🪄；❷打开需要处理的照片，如图 9-1 所示。

▲ 图 9-1 点击"编辑"按钮、打开照片

Step 02 从右向左滑动屏幕下方，点击"滤镜"功能下的"滤色"按钮，显示"红""橙""黄""绿""青""蓝"等颜色，如图 9-2 所示。

Step 03 分别点击"红""黄""蓝"滤镜，可以查看照片在不同滤镜下的效果，如图 9-3 所示。

Step 04 ❶这里选择"红"滤镜，选择"调整"工具 🎚，弹出列表框；❷从右向左滑动屏幕，选择"对比度"选项 ◐；❸向右滑动滑块，设置"对比度"参数为 31；❹选择"阴影"选项 ◑；❺向左滑动滑块，设置"阴影"参数为 −61，如图 9-4 所示。

▲ 图9-2　点击"滤色"按钮

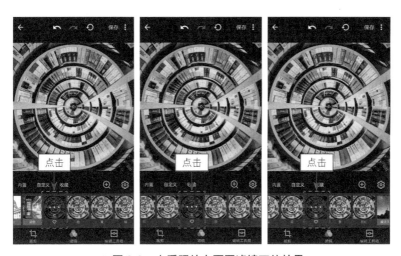

▲ 图9-3　查看照片在不同滤镜下的效果

Step 05 确认操作，点击右上角的"保存"按钮，预览照片的处理前后对比效果，如图9-5所示。

▲ 图 9-4 调整参数

▲ 图 9-5 预览照片的处理前后对比效果（摄影师：陈耀成）

074 使用一键换天功能打造"逆天"效果

"魔法天空"滤镜，可以使画面中的天空部分变成各种样子，就像魔术师可以随意变换天气一样，瞬间打造出创意十足的天空奇观。

Step01 在 MIX 中，点击"编辑"按钮 ，打开需要处理的照片，如图 9-6 所示。

Step02 从右向左滑动，点击"滤镜"功能下的"魔法天空"按钮，显示 M201、M202、M203、M204 等滤镜效果，如图 9-7 所示。

▲ 图 9-6　打开照片　　▲ 图 9-7　点击"魔法天空"按钮

☆专家提醒☆

用户可以在 MIX 商店里下载免费的"假日晴空""漫空祥云"和"浪漫气球"等多种天空滤镜素材。

Step03 分别在"魔法天空"滤镜中点击 M202 滤镜、在"假日晴空"滤镜中点击 H107 滤镜、在"漫空祥云"滤镜中点击 S502 和 S511 滤镜，查看照片在不同滤镜下的效果，如图 9-8 所示。

Step04 ❶这里选择 S502 滤镜，选择"调整"工具，弹出列表框；❷从右向左滑动屏幕，选择"饱和度"选项 ；❸向右滑动滑块，设置"饱和度"参数为 25；❹选择"自然饱和度"选项 ；❺向右滑动滑块，设置"自然饱和度"参数为 33，如图 9-9 所示。

▲ 图9-8 查看照片在不同滤镜下的效果

▲ 图 9-9 调整参数

Step05 确认操作，点击右上角的"保存"按钮，预览照片的处理前后对比效果，如图 9-10 所示。

▲ 图 9-10 预览照片的处理前后对比效果

075　使用描绘滤镜将二次元漫画变素描

"二次元"的本意为二维、平面，是平时数学上说的二维平面空间。动画、漫画都是以二维图像构成的，所以动漫的世界被称为"二次元世界"。在 MIX 中，用"描绘"里面的滤镜，就能简单地让照片变成二次元漫画。

Step01 在 MIX 中，点击"编辑"按钮 🪄，打开需要处理的照片，如图 9-11 所示。

Step02 从右向左滑动屏幕下方，点击"描绘"按钮，显示 D101、D102、D103、D104 等滤镜效果，如图 9-12 所示。

▲ 图 9-11　选择照片　　　　▲ 图 9-12　点击"描绘"按钮

☆专家提醒☆

一维是直线，二维是平面，三维是立体。二维空间也称二次元，二次元出现在漫画里比较多，二次元是比较美好的，可以天马行空地想象，可以想象自己是个超级英雄，也可以想象自己是超级大富翁，总而言之在二次元世界里，自己就是"无敌"的存在。

Step 03 分别点击 D101、D102、D103、D104 滤镜，可以查看照片在不同滤镜下的效果，如图 9-13 所示。

▲ 图 9-13 查看照片在不同滤镜下的效果

Step 04 这里选择 D101 滤镜，❶选择"调整"工具 ⬛，弹出列表框；

②从右向左滑动屏幕，选择"高光"选项◑；③向右滑动滑块，设置"高光"参数为 71；④选择"阴影"选项◐；⑤设置"阴影"参数为 69；⑥选择"层次"选项◑；⑦设置"层次"参数为 21，如图 9-14 所示。

▲ 图 9-14　调整参数

Step05 确认操作，点击右上角的"保存"按钮，预览照片的处理前后对比效果，如图 9-15 所示。

▲ 图 9-15　预览照片的处理前后对比效果

076　用天气纹理特效一键打造雪景照片

冬天的南方，很多地方都不下雪，但是如果用户又想拍出在雪中的照片，就可以通过 MIX 后期处理照片，用滤镜一键打造雪景效果。

Step01 在 MIX 中，点击"编辑"按钮 ，打开需要处理的照片，如图 9-16 所示。

Step02 滑动底部工具栏，选择"纹理"工具 ，如图 9-17 所示。

▲ 图 9-16　选择照片

▲ 图 9-17　选择"纹理"工具

Step03 从右向左滑动屏幕下方，点击"天气"按钮，显示 W1、W2、W3、W4 等滤镜效果，如图 9-18 所示。

Step04 分别点击 W1、W2、W5 滤镜，可以查看照片在不同滤镜下的效果，如图 9-19 所示。

▲ 图 9-18　点击"天气"按钮

▲ 图 9-19　查看照片在不同滤镜下的效果

Step 05 这里选择 W2 滤镜，确认操作，点击右上角的"保存"按钮，预览照片的处理前后对比效果，如图 9-20 所示。

▲ 图 9-20　预览照片的处理前后对比效果

077　用眩光纹理让照片变得更加柔美

眩光的使用可以在照片中产生非常柔美的光线效果，使照片有一种朦胧的美感。下面介绍使用眩光纹理进行照片处理的操作方法。

Step01 在 MIX 中，点击"编辑"按钮 ，打开需要处理的照片，如图 9-21 所示。

Step02 滑动底部工具栏，选择"纹理"工具 ，默认应用"眩光"效果，显示 F1、F2、F3、F4 等滤镜效果如图 9-22 所示。

Step03 分别点击 F1、F5、F6 滤镜，可以选择查看照片在不同滤镜下的效果，如图 9-23 所示。

Step04 ❶这里选择 F1 滤镜，滑动底部工具栏，选择"色彩平衡"工具 ；❷点击"中间调"按钮 ；❸向左拖曳 R-C 滑块，设置 R-C 参数为 -31，如图 9-24 所示。

▲ 图 9-21　打开照片　　　　▲ 图 9-22　应用"眩光"效果

▲ 图 9-23　查看照片在不同滤镜下的效果

Step05 ❶用与上同样的方法，点击"高光"按钮HI；❷向左拖曳 B-Y 滑块，设置 B-Y 参数为 -29，如图 9-25 所示。

▲ 图 9-24　选择"色彩平衡"工具和调整参数

▲ 图 9-25　调整参数

Step 06 确认操作，点击右上角的"保存"按钮，预览照片的处理前后对比效果，如图 9-26 所示。

▲ 图 9-26　预览照片的处理前后对比效果

☆专家提醒☆

　　"色彩平衡"功能主要通过对处于高光、中间调及阴影区域中的指定颜色进行加重或减淡，来改变照片的整体色调。用户使用"色彩平衡"功能处理照片时，当加重一种颜色，就会自动减淡它的互补色，反之亦然，这便是"色彩平衡"的原理。

078　一分钟使暗淡的照片焕发光彩

　　雨后的天气总是阴沉沉的，这时拍出来的照片也暗淡无色。那么在用 MIX 处理照片后期中，能轻松将阴暗的照片焕发光彩，让阴天变得明媚起来。

Step 01 在 MIX 中，点击"编辑"按钮，打开需要处理的照片，如图 9-27 所示。

Step 02 在底部工具栏中，选择"效果"工具，从右向左滑动屏幕，点击"天空"按钮，显示 S1、S2、S3、S4 等滤镜效果，如图 9-28 所示。

Step 03 分别点击 S2、S11 滤镜，可以查看照片在不同滤镜下的效果，如图 9-29 所示。

Step 04 ❶这里选择 S2 滤镜，选择底部"纹理"工具；❷从右向左滑动下方屏幕，点击"舞台"按钮；❸选择 S2 滤镜，如图 9-30 所示。

▲ 图 9-27 打开照片 　　▲ 图 9-28 点击"天空"按钮

▲ 图 9-29 查看照片在不同滤镜下的效果

Step 05 ❶选择"调整"工具▦，弹出列表框；❷从右向左滑动屏幕，选择"层次"选项❶；❸向右滑动滑块，设置"层次"参数为 42，如图 9-31 所示。

▲ 图 9-30　点击"舞台"按钮选择滤镜　　　▲ 图 9-31　调整"层次"参数

Step 06 确认操作，点击右上角的"保存"按钮，预览照片的处理前后对比效果，如图 9-32 所示。

▲ 图 9-32　预览照片的处理前后对比效果

079　用滤镜营造出春意盎然的氛围

　　春天到了，又是万物复苏的季节，这么好的春光，如果不踏青拍照就可惜了。如果照片拍得不够好，可以通过 MIX 中的 LOMO 滤镜功能，让照片变得春意盎然。

Step01 在 MIX 中，点击"编辑"按钮![icon]，打开需要处理的照片，如图 9-33 所示。

Step02 从右向左滑动屏幕下方，点击 LOMO 按钮，显示 L101、L102、L103、L104 等滤镜效果，如图 9-34 所示。

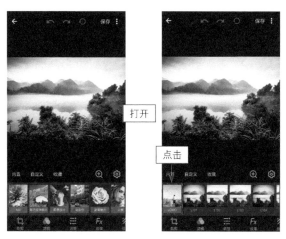

▲ 图 9-33　打开照片　　▲ 图 9-34　点击 LOMO 按钮

Step03 分别点击 L104、L105、L106 滤镜，可以选择查看照片在不同滤镜下的效果，如图 9-35 所示。

▲ 图 9-35　查看照片在不同滤镜下的效果

Step04 这里选择 L106 滤镜，滑动底部工具栏，选择"色相饱和度"工具 ，如图 9-36 所示。

Step05 ❶点击第 4 个颜色；❷向右拖曳"色相"滑块，设置参数为 38；❸向右拖曳"饱和度"滑块，设置参数为 66，如图 9-37 所示。

▲ 图 9-36　选择"色相饱和度"工具　　▲ 图 9-37　调整参数

Step06 确认操作，点击右上角的"保存"按钮，预览照片的处理前后对比效果，如图 9-38 所示。

▲ 图 9-38　预览照片的处理前后对比效果

080 轻松调出高水准的小清新风格

小清新风格的照片具有清新唯美的特点，是青春活力的代名词，通过在 MIX 中用滤镜就能调出好看又不失气质的小清新效果，下面介绍用滤镜进行照片处理的操作方法。

Step 01 在 MIX 中，点击"编辑"按钮 ，打开需要处理的照片，如图 9-39 所示。

Step 02 在底部工具栏中，点击 Mix 按钮，显示"泛黄记忆""暖意色彩""青色电影""日系"等滤镜，如图 9-40 所示。

▲ 图 9-39 打开照片

▲ 图 9-40 点击 Mix 按钮

Step 03 选择"小清新"滤镜，照片画面变为小清新风格，如图 9-41 所示。

Step 04 再次点击"小清新"滤镜，弹出"程度"选项，默认值为 100%，向左拖曳滑块，调整参数值为 90%，可以根据不同的照片调节不同的程度值，如图 9-42 所示。

选择

拖曳

▲ 图 9-41　选择"小清新"滤镜　　▲ 图 9-42　调整"程度"值

☆专家提醒☆

　　选择"小清新"滤镜时，对不同的照片可以进行不同程度的调节，百分比数值越大，则滤镜效果越明显；百分比越小，滤镜效果就越不明显。

　　Step05 确认操作，点击右上角的"保存"按钮，预览照片的处理前后对比效果，如图 9-43 所示。

处理前

处理后

▲ 图 9-43　预览照片的处理前后对比效果

081　给照片加上逼真的绚丽彩虹

只有雨后的天空才有可能会出现彩虹，照片上没有彩虹的话，用户可以在 MIX 中通过滤镜为照片加上逼真的彩虹。

Step 01 在 MIX 中，点击"编辑"按钮 ✎，打开需要处理的照片，如图 9-44 所示。

Step 02 在底部编辑工具栏中，选择"效果"工具 **Fx**，从右向左滑动屏幕，点击"天空"按钮，选择 S8 滤镜，如图 9-45 所示。

▲ 图 9-44　打开照片　　　　▲ 图 9-45　选择滤镜

Step 03 ❶选择"调整"工具 ；❷在弹出列表框中选择"阴影"选项 ；❸向左滑动滑块，设置"阴影"参数为 −26；❹选择"自然饱和度"选项；❺向右滑动滑块，设置"阴影"参数为 63，如图 9-46 所示。

Step 04 确认操作，点击右上角的"保存"按钮，预览照片的最终效果，如图 9-47 所示。

▲ 图 9-46　调整参数

▲ 图 9-47　预览照片的最终效果

082　艺术滤镜可以给照片添加油画效果

　　油画效果一般都是用油彩画出来的，普通的风光照有时候看起来艺术感不够强，就可以通过 MIX 中的艺术滤镜给照片添加油画效果。

Step 01 在 MIX 中，点击"艺术滤镜"按钮，打开需要处理的照片，进入艺术滤镜界面，显示 Pencil、Vintage、Desert Sky 等滤镜效果，如图 9-48 所示。

▲ 图 9-48　点击"艺术滤镜"按钮打开照片

Step 02 从右向左滑动下方的滤镜库，分别点击 Desert Sky、Grassland、Autumn 滤镜，可以选择查看照片在不同滤镜下的效果，如图 9-49 所示。

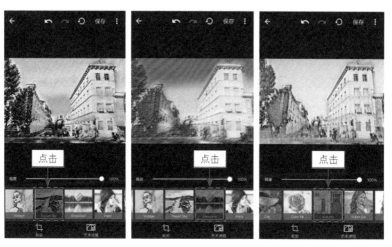

▲ 图 9-49　查看照片在不同滤镜下的效果

Step 03 这里选择Autumn滤镜，确认操作，点击右上角的"保存"按钮，预览照片的处理前后对比效果，如图 9-50 所示。

▲ 图 9-50　预览照片的处理前后对比效果

083　照片海报让你轻松成为设计达人

在拍摄花卉时，如果画面主体不够突出，可以给照片添加海报效果，不仅可以突出主体，还能让照片变得更有艺术范。

Step 01 在 MIX 中，点击"照片海报"按钮📷，打开需要处理的照片，进入照片海报界面，显示"模板"工具，如图 9-51 所示。

Step 02 选择"模板"工具中的第 1 个样式，如图 9-52 所示。

Step 03 点击照片，把照片主体调整到画面最中间的位置，如图 9-53 所示。

Step 04 ❶点击"初春颜色"字体；❷进入文字界面，点击两次文字把默认的文字删除；❸重新输入相应的文字，如图 9-54 所示。

Step 05 用与上同样的方法，将"岁寒争春"文字删除，然后输入新的文字，如图 9-55 所示。

Step 06 点击"春"字，将字体样式设置成下方第三个字体，如图 9-56 所示。

Step 07 确认操作，点击右上角的"保存"按钮，预览照片的处理前后对比效果，如图 9-57 所示。

▲ 图 9-51　打开照片

▲ 图 9-52　选择样式

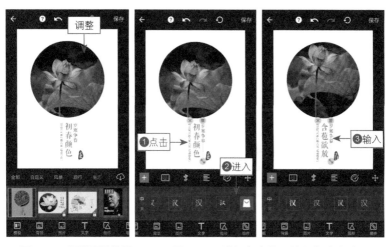

▲ 图 9-53　调整照片位置　　▲ 图 9-54　进入文字界面输入相应文字

▲ 图 9-55　输入相应的文字　　　▲ 图 9-56　设置字体样式

▲ 图 9-57　预览照片的处理前后对比效果

084　对照片进行局部修整

在拍摄照片时，画面中经常会出现一些多余的对象，通过 MIX 中的局部修整工具，可以轻松将多余的对象消除，使画面变得更加干净、简洁。

Step 01 在 MIX 中，点击"局部修整"按钮✍，打开需要处理的照片，进入局部修整界面，下方显示工具栏，如图 9-58 所示。

Step 02 点击工具栏中的"去污点"按钮◎，进入去污点界面，如图 9-59 所示。

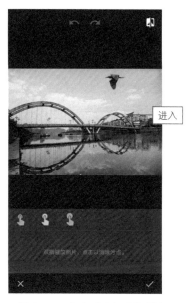

▲ 图 9-58　点击"局部修整"按钮　　▲ 图 9-59　点击"去污点"按钮

Step 03 ❶点击默认的"去污点"按钮👆，双指缩放照片；❷点击需要消除的污点，如图 9-60 所示。

Step 04 消除污点后，点击右下角的"确认"按钮，如图 9-61 所示。

Step 05 确认操作，点击右上角的"保存"按钮，预览照片的处理前后对比效果，如图 9-62 所示。

▲ 图 9-60　点击消除污点　　　　▲ 图 9-61　点击右下角的"确认"按钮

▲ 图 9-62　预览照片的处理前后对比效果

085　用色调分离增强画面的对比度

在后期修图中，加强对比是常用的一种表现形式，如影调可以分为明暗对比、色调可以分为冷暖对比等。根据照片内容的需要，有效地控制和处理色调的分离，达到增强画面冷暖对比的目的。

Step 01 在 MIX 中，点击"编辑"按钮🪄，打开需要处理的照片，如图 9-63 所示。

Step 02 在底部编辑工具栏中，选择"效果"工具 **Fx**，从右向左滑动屏幕，选择"色调分离"工具 **⊟**，如图 9-64 所示。

▲ 图 9-63　打开照片

▲ 图 9-64　点击"色调分离"按钮

Step 03 ❶点击"高光"按钮 **§**；❷向右拖曳色相滑块，设置"色相"参数为 229；❸设置"饱和度"参数为 100；❹点击"阴影"按钮 **⊞**；❺向右拖曳色相滑块，设置"色相"参数为 47；❻设置"饱和度"参数为 100，如图 9-65 所示。

Step 04 确认操作，点击右上角的"保存"按钮，预览照片的最终效果，如图 9-66 所示。

▲ 图 9-65　调整参数

▲ 图 9-66　预览照片的最终效果

▪▪▪10▪▪▪ 泼辣修图：雕琢每一个细节

【手机摄影后期修图软件的强大之处就在于各种细节的处理，在泼辣修图 APP 中，用户可以快速为照片进行细节处理，可以将沉闷昏暗的照片变得清新明亮，可以使一张普通的照片瞬间变得高级。本章主要向读者介绍使用泼辣修图 APP 对照片进行后期处理的方法。】

086　用直方图恢复偏色，轻松调出无暇白雪效果

　　冬天的雪非常美丽，让人想用照片记录下来，有时候会遇到一些情况，比如拍出来的雪不够白、照片看起来有些偏色等问题，这个其实是白平衡不准确导致的，此时用户可以在泼辣修图 APP 中用直方图轻松给照片调出无瑕的白雪效果。

　　Step 01 ❶在泼辣修图中，点击"打开照片"按钮；❷打开一张需要处理的照片，如图 10-1 所示。

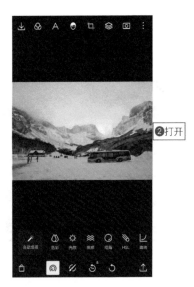

▲ 图 10-1　打开照片

　　Step 02 ❶点击屏幕任意位置；❷弹出"直方图"面板；❸点击"放大"按钮，显示 3 个直方图，画面中红、绿、蓝颜色都比较多，如图 10-2 所示。

　　Step 03 ❶选择下方的"曲线"选项；❷点击"白色"圆圈色块；❸画面中显示一条白色曲线，如图 10-3 所示。

　　Step 04 调整左上角白色曲线为 46·103，这时直方图上红、绿、蓝明显变少，画面变得更加明亮，如图 10-4 所示。

▲ 图 10-2　点击屏幕弹出"直方图"面板

▲ 图 10-3　选择"曲线"选项

Step 05 点击右下方的"导出"按钮，进入"保存"界面，如图 10-5 所示。

 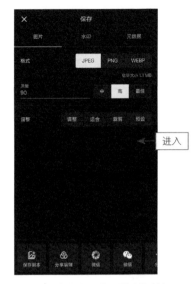

▲ 图 10-4　调整白色曲线　　　▲ 图 10-5　点击右下方"导出"按钮

Step 06　确认操作后，点击左下角的"保存副本"按钮 ，预览照片的处理前后对比效果，如图 10-6 所示。

▲ 图 10-6　预览照片的处理前后对比效果

087　拒绝沉闷昏暗，打造清新明亮的摄影风格

有时候拍出来的照片画面有些沉闷昏暗，后期处理照片时在泼辣修图 APP 中通过调整"光效"和"色彩"功能，就能轻松打造出清新明亮

的照片效果，下面介绍具体操作。

Step01 在泼辣修图中点击"打开照片"按钮，打开一张需要处理的照片，如图 10-7 所示。

Step02 选择下方的"光效"选项☀️，显示"去雾""曝光""亮度"等按钮，如图 10-8 所示。

▲ 图 10-7　打开照片　　　▲ 图 10-8　选择"光效"选项

Step03 ❶点击"亮度"按钮；❷向右拖曳滑块，设置"亮度"参数为 36；❸点击"对比度"按钮；❹向右拖曳滑块，设置"对比度"参数为 42，如图 10-9 所示。

Step04 ❶选择"色彩"选项💧；❷点击"色温"按钮；❸向左拖曳滑块，设置"色温"参数为 -36；❹点击"自然饱和度"按钮；❺向右拖曳滑块，设置"自然饱和度"参数为 28，如图 10-10 所示。

Step05 点击右下方"导出"按钮⬆️，显示"保存"界面，确认操作后，点击左下角的"保存副本"按钮🖼️，预览照片的处理前后对比效果，如图 10-11 所示。

▲ 图 10-9　调整参数

▲ 图 10-10　调整参数

▲ 图 10-11　预览照片的处理前后对比效果

088　轻松增强黄昏氛围，让夕阳照片更加迷人

日出日落时刻都是拍摄照片的黄金时间，这个时候太阳在接近地平线的位置，天空中的色彩变得非常丰富，而且极具层次感。如果用户此时拍摄出来的画面颜色过淡，可以通过泼辣修图 APP 来增强黄昏的色彩与氛围，让夕阳变得更加迷人。

Step01 在泼辣修图中点击"打开照片"按钮，打开一张照片，如图 10-12 所示。

Step02 选择下方的"色彩"选项，显示"色温""色调""自然饱和度"等按钮，如图 10-13 所示。

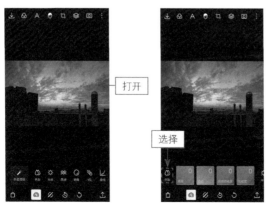

▲ 图 10-12　打开照片　　　▲ 图 10-13　选择"色彩"选项

Step03 ❶点击"色温"按钮；❷向右拖曳滑块，设置"色温"参数
为 61；❸点击"自然饱和度"按钮；❹向右拖曳滑块，设置"自然饱和
度"参数为 49，如图 10-14 所示。

▲ 图 10-14　调整参数

Step04 ❶选择"光效"选项 ☀；❷点击"去雾"按钮；❸向右拖
曳滑块，设置"去雾"参数为 30；❹点击"对比度"按钮；❺向右拖
曳滑块，设置"对比度"参数为 34；❻点击"高光"按钮；❼向右拖
曳滑块，设置"高光"参数为 43，如图 10-15 所示。

▲ 图 10-15　调整参数

☆专家提醒☆

提高"去雾"参数可以让画面中的天空区域更加通透，提高"阴影"参数可以让画面中最暗的区域变得更亮，使暗部的细节更加明显。

Step 05 用与上同样的方法，分别设置"阴影"参数为 74、"白色色阶"参数为 18，如图 10-16 所示。

▲ 图 10-16 调整参数

Step 06 点击右下方的"导出"按钮 **⬆**，显示"保存"界面，确认操作后，点击左下角的"保存副本"按钮 **🖼**，预览照片的处理前后对比效果，如图 10-17 所示。

▲ 图 10-17 预览照片的处理前后对比效果

089 坏天气拍照别怕，将原片调整为对比鲜明的建筑风格

有时拍照时由于天气不太好，光线太过黯淡，建筑主体会变得阴暗。此时在泼辣修图 APP 中，可以通过 HSL 功能将阴暗的照片调整为对比鲜明的建筑风格。

Step 01 在泼辣修图中点击"打开照片"按钮，打开一张需要处理的照片，如图 10-18 所示。

Step 02 ❶选择下方的"光效"选项☼，显示"去雾""曝光""亮度"等按钮；❷点击"曝光"按钮；❸向右拖曳滑块，设置"曝光"参数为30，如图 10-19 所示。

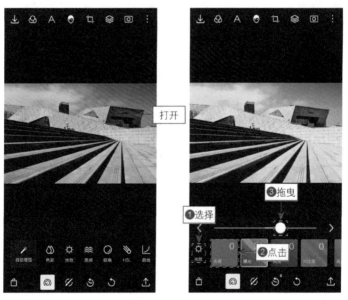

▲ 图 10-18　打开照片　　▲ 图 10-19　选择"光效"选项调整参数

Step 03 选择 HSL 选项◈，显示红、橙等色块，如图 10-20 所示。

Step 04 ❶点击黄色块；❷点击"饱和度"按钮；❸向左拖曳滑块，设置"饱和度"参数为 -100，如图 10-21 所示。

▲ 图 10-20　选择 HSL 选项　　　▲ 图 10-21　调整参数

Step 05 ❶用与上同样的方法，点击蓝色块；❷分别在右侧设置"色相"参数为 -48、"饱和度"参数为 64；❸点击青色块；❹设置"饱和度"参数为 49，如图 10-22 所示。

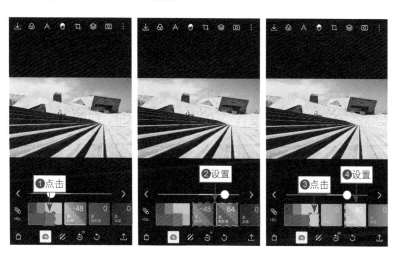

▲ 图 10-22　调整参数

Step 06 点击右下方的"导出"按钮↥，保存照片，预览照片的处理前后对比效果，如图 10-23 所示。

▲ 图 10-23　预览照片的处理前后对比效果

090　光效调整，打造充满浓郁秋色的自然风光

秋风落叶也别有一番滋味，在拍摄时如果用户觉得氛围还不够好，可以通过泼辣修图 APP 中的"光效"功能，轻松打造出充满浓郁金秋气氛的自然风光照片。

Step 01　在泼辣修图中点击"打开照片"按钮，打开一张照片，如图 10-24 所示。

Step 02　❶ 选择下方的"光效"选项 ☼，点击"对比度"按钮；❷ 向右拖曳滑块，设置"对比度"参数为 56，如图 10-25 所示。

▲ 图 10-24　打开照片　▲ 图 10-25　选择下方"光效"选项和调整参数

Step03 用与上同样的方法，分别设置"高光"参数为 -75、"阴影"
参数为 36，如图 10-26 所示。

▲ 图 10-26　调整参数

☆专家提醒☆

　　调整"阴影"参数的时候，数值越大，照片中较暗的地方就越亮，参
数越小，较暗的地方就越暗。

Step04 ❶选择"质感"选项，下方显示"清晰度""锐化"等按
钮；❷点击"清晰度"按钮；❸向右拖曳滑块，设置"清晰度"参数为
26，如图 10-27 所示。

Step05 点击右下方的"导出"按钮，保存照片，预览照片的处理
前后对比效果，如图 10-28 所示。

▲ 图 10-27　选择"质感"选项和调整参数

▲ 图 10-28　预览照片的处理前后对比效果

091　利用色调分离，修出繁华而不浮夸的夜景

在拍摄繁华的夜景时，如果灯光太暗就会影响照片的效果，太亮会使照片泛白。此时用户可以在泼辣修图 APP 中，用"色调"功能调出色彩鲜明的繁华夜景，下面介绍后期调色的具体操作步骤。

Step01 在泼辣修图中点击"打开照片"按钮，打开一张需要处理的照片，如图 10-29 所示。

Step02 在下方的"全局调整"工具中 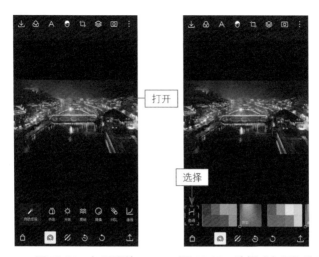，从右向左滑动屏幕，选择"色调"选项 ，显示颜色板，如图 10-30 所示。

打开

选择

▲ 图 10-29　打开照片　　　▲ 图 10-30　选择"色调"选项

Step03 ❶点击第一个颜色板上的红色色块；❷点击"阴影"按钮；❸弹出颜色条；❹点击左边的颜色条；❺向右拖曳滑块，设置参数为60%，如图 10-31 所示。

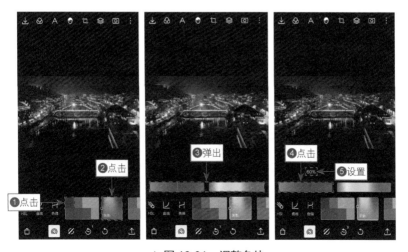

❶点击　　❷点击　　❸弹出　　❹点击　　❺设置　　60%

▲ 图 10-31　调整色块

Step 04 点击第二个颜色板上的橙色色块，如图 10-32 所示。

Step 05 点击"色调平衡"按钮，向左拖曳滑块，设置"色调平衡"参数为 -26，如图 10-33 所示。

▲ 图 10-32　调整色块　　▲ 图 10-33　调整"色调平衡"参数

☆专家提醒☆

调整"色调分离"参数时，APP 会判断照片中的区域是属于阴影部分还是高光部分，该功能可以快速增强照片色调的冷暖对比效果。

Step 06 点击右下方的"导出"按钮，保存照片，预览照片的处理前后对比效果，如图 10-34 所示。

▲ 图 10-34　预览照片的处理前后对比效果

092　巧用 HSL 工具，打造更加柔和的人像照片

用户在拍摄人像照片时，如果背景的颜色偏暗，就会缺失画面的细节部分，给人一种模糊感。此时用户可以通过泼辣修图中的 HSL 功能来修照片，选择单独的一种颜色，就只会改变当前选择的颜色，这样会使照片变得更加清新。

Step 01 在泼辣修图中点击"打开照片"按钮，打开一张需要处理的照片，如图 10-35 所示。

Step 02 选择下方的 HSL 选项，显示红、橙等色块，如图 10-36 所示。

▲ 图 10-35　打开照片　　　　▲ 图 10-36　选择 HSL 选项

Step 03 ❶点击橙色块；❷在右侧分别设置"色相"参数为 -41、"饱和度"参数为 51、"明度"参数为 59，如图 10-37 所示。

Step 04 ❶点击黄色块；❷在右侧设置"色相"参数为 40，如图 10-38 所示。

Step 05 ❶点击绿色块；❷在右侧分别设置"色相"参数为 28、"饱和度"参数为 92，如图 10-39 所示。

▲ 图 10-37　调整参数

▲ 图 10-38　调整参数　　　　　▲ 图 10-39　调整参数

Step 06　点击右下方的"导出"按钮，保存照片，预览照片的处理前后对比效果，如图 10-40 所示。

▲ 图 10-40　预览照片的处理前后对比效果

093　统一色调，让你的人像照片充满"仙气"

要想让照片变得"仙气"，一般都会使用同类色来加强氛围。用户在平常拍摄时，有些照片的画面色彩会比较杂乱，这个时候该怎么办呢？下面介绍在泼辣修图中统一色调，让照片变得更加充满"仙气"的方法。

Step01 在泼辣修图中点击"打开照片"按钮，打开一张需要处理的照片，如图 10-41 所示。

Step02 选择下方的 HSL 选项🖊，显示红色、橙色等色块，如图 10-42 所示。

Step03 ❶点击橙色块；❷在右侧分别设置"色相"参数为 -50、"明度"参数为 -29，如图 10-43 所示。

Step04 ❶点击黄色块；❷在右侧设置"饱和度"参数为 40；❸点击绿色块；❹在右侧分别设置"色相"参数为 42、"饱和度"参数为 83，如图 10-44 所示。

▲ 图 10-41　打开照片　　　　▲ 图 10-42　选择 HSL 选项

▲ 图 10-43　点击橙色色块调整参数

▲ 图 10-44　点击黄色与绿色色块调整参数

Step 05　❶从左向右滑动"全局调整"工具，选择"特效"选项，显示"像素化""眩光"等按钮；❷点击"眩光"按钮；❸向右拖曳滑块，设置"眩光"参数为 38，如图 10-45 所示。

▲ 图 10-45　选择"特效"选项和调整"眩光"参数

Step 06 点击右下方的"导出"按钮![icon]，保存照片，预览照片的处理前后对比效果，如图 10-46 所示。

▲ 图 10-46　预览照片的处理前后对比效果

···**11**··· facetune：
专业修人像

【很多人为了拍出漂亮的照片而用大量的化妆品来修饰脸部，其实用户可以在手机上用 facetune 中的专业修人像的功能来解决脸部的各种问题，可以快速将一张不完美的脸精修得洁白、细腻，轻松达到自己想要的美化效果。本章主要介绍使用 facetune APP 修人像照片的方法。】

094 平滑磨皮：解决脸部毛孔大、色块杂的问题

用户使用手机自拍时，默认模式下自拍出来的人物皮肤会有一点凹凸感，不太平滑，毛孔比较大的状况有时也会被拍摄出来，这时用户可以通过 facetune 中的"平滑"工具，来解决这些脸部问题，使人物脸部变得光滑。

Step01 ❶ 在 facetune 中，点击"相机"按钮 📷；❷ 在弹出的列表框中，选择"打开照片"选项；❸ 打开一张需要处理的照片，如图 11-1 所示。

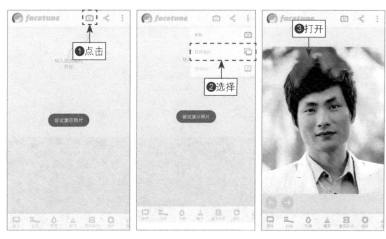

▲ 图 11-1　打开照片

Step02 在下方工具栏中选择"平滑"工具 ⬧，进入平滑操作界面，如图 11-2 所示。

Step03 ❶ 再次选择"平滑"工具；❷ 在人物的额头和脸颊进行简单涂抹，如图 11-3 所示。

Step04 ❶ 选择下方的"更加平滑"工具 ⬧；❷ 放大照片；❸ 再次对人物的额头和脸部进行涂抹，效果如图 11-4 所示。

Step05 点击右上角的"确认"按钮 ✔，返回到主界面，如图 11-5 所示。

Step06 ❶ 点击右上角的"分享"按钮 ≪；❷ 在弹出的列表框中选择"保存照片"选项，如图 11-6 所示。

▲ 图 11-2　选择"平滑"工具　　　　▲ 图 11-3　进行额头和脸部涂抹

▲ 图 11-4　再次进行额头和脸部涂抹

▲ 图 11-5　点击"确认"按钮　　▲ 图 11-6　选择"保存照片"选项

Step 07 保存照片后，预览照片的最终效果，如图 11-7 所示。

▲ 图 11-7　预览照片的最终效果

095　修斑去瑕：不着痕迹地去掉脸上明显的瑕疵

随着年龄的增长，人的皮肤会慢慢地老化，脸上的斑点也会越来越多，当我们自拍照片时，看到这些斑点瑕疵就会心情不好，这时用户可以通过 facetune 中的"修补"工具不着痕迹地去掉脸上的瑕疵，使人物脸部变得更加细腻、光滑。

Step01 在 facetune 中，点击"相机"按钮，在弹出的列表框中，选择"打开照片"选项，打开一张照片，如图 11-8 所示。

Step02 在下方工具栏中选择"修补"工具 ，进入修补操作界面，如图 11-9 所示。

▲ 图 11-8　打开照片　　▲ 图 11-9　进入修补界面

Step03 ❶选择"移动"工具 ；❷放大人物脸部，如图 11-10 所示。

Step04 ❶分别调整开始点和目标点的位置；❷对没有问题的皮肤进行复制；❸点击下方的"应用"按钮，去掉人物脸部的瑕疵，如图 11-11 所示。

Step05 用与上同样的方法，对没有问题的皮肤进行复制，去掉人物脸部的其他瑕疵，效果如图 11-12 所示。

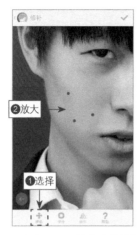
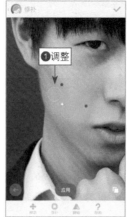
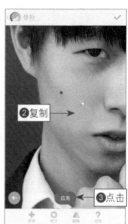

▲ 图 11-10　放大人物脸部　　　▲ 图 11-11　　去掉人物脸部瑕疵

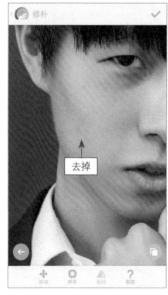

▲ 图 11-12　　去掉人物脸部瑕疵

Step 06 点击右上角的"确认"按钮 ✓ ，返回到主界面，点击右上角的"分享"按钮 ✎ ，在弹出的列表框中选择"保存照片"选项，保存照片后，预览照片的处理前后对比效果，如图 11-13 所示。

▲ 图 11-13　预览照片的处理前后对比效果

096　去除红眼：还原动物明亮的眼睛

在拍摄狗狗时，要是光线不好，一般情况下会开闪光灯去拍摄，拍摄出来的照片有可能会出现红眼的现象，那么用户可以通过 facetune 中的"红眼"工具，轻松去掉照片中狗狗的红眼，还原狗狗明亮的眼睛。

Step 01 在 facetune 中，点击"相机"按钮，在弹出的列表框中，选择"打开照片"选项，打开一张需要处理的照片，如图 11-14 所示。

Step 02 从右向左滑动下方工具栏，选择"红眼"工具 👁 ，进入红眼操作界面，如图 11-15 所示。

Step 03 ❶选择"移动"工具 ✛；❷放大眼部；❸然后选择"红眼"工具 👁 ，如图 11-16 所示。

Step 04 ❶通过食指和中指滑动"红眼"工具，调整"红眼"工具的大小，并移动到狗狗左边眼部适合的位置；❷点击下方的"应用"按钮；❸去掉红眼，如图 11-17 所示。

Step 05 ❶用与上同样的方法，调整"红眼"工具大小，并移动到狗狗右边眼部适合位置；❷点击下方的"应用"按钮；❸去掉红眼，如图 11-18 所示。

打开

▲ 图 11-14　打开照片

进入

▲ 图 11-15　进入红眼操作界面

❷放大

❶选择

❸选择

▲ 图 11-16　选择"红眼"工具

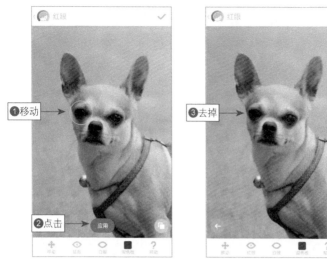

▲ 图 11-17　去掉红眼

▲ 图 11-18　去掉红眼

Step 06 点击右上角的"确认"按钮 ✓，返回到主界面，点击右上角的"分享"按钮 ◁，选择"保存照片"选项，保存照片，预览照片的处理前后对比效果，如图 11-19 所示。

▲ 图 11-19　预览照片的处理前后对比效果

097　形状调整：脸大的缩小脸，眼小的调大眼

很多用户都希望自己有小脸蛋、大眼睛，但是自拍出来的照片往往很难实现，这时用户可以通过 facetune 中的"重调形状"工具，轻轻动动手指就能缩小脸蛋、调大眼睛，轻松实现脸部美化效果。

Step 01 在 facetune 中，点击"相机"按钮，在弹出的列表框中，选择"打开照片"选项，打开一张需要处理的照片，如图 11-20 所示。

Step 02 从右向左滑动下方工具栏，选择"重调形状"工具 ▦，进入重调形状操作界面，如图 11-21 所示。

▲ 图 11-20　打开照片　　　▲ 图 11-21　进入重调形状操作界面

Step 03 ❶选择"调整"工具 ❷在人物的眼部进行涂抹，将眼睛变大，如图 11-22 所示。

Step 04 ❶选择"重调形状"工具 ❷直接在人物的脸部进行涂抹，进行瘦脸，如图 11-23 所示。

▲ 图 11-22　将眼睛变大

▲ 图 11-23　进行瘦脸

Step 05 点击右上角的"确认"按钮 ✓，返回到主界面，点击右上角的"分享"按钮，选择"保存照片"选项，保存照片后，预览照片的处理前后对比效果，如图 11-24 所示。

▲ 图 11-24　预览照片的处理前后对比效果

098 滤色镜：选择满意的影调色彩，使照片变得更完美

人们都说"一白遮千丑，一胖毁所有"，在拍摄时由于光线过暗，会把照片中人的肤色拍得比较黑，这样拍出来的照片人物不好看。那么用户可以通过在 facetune 中的"滤色镜"和"照明"工具，来弥补在拍摄时人物皮肤过黄的现象。

Step01 在 facetune 中，点击"相机"按钮，在弹出的列表框中，选择"打开照片"选项，打开一张需要处理的照片，如图 11-25 所示。

Step02 从右向左滑动下方工具栏，选择"滤色镜"工具 ，进入滤色镜操作界面，如图 11-26 所示。

▲ 图 11-25 打开照片　　▲ 图 11-26 进入滤色镜操作界面

Step03 ❶在下方工具栏中，选择"纸张"样式库 ；❷从右向左滑动，选择 pastel 1 样式；❸向右滑动屏幕，设置 pastel 1 参数为 72；❹然后点击下方的"应用"按钮，如图 11-27 所示。

▲ 图 11-27　选择 pastel 1 样式和调整参数

Step04 ❶在下方工具栏中，选择"照明"样式库 ☼；❷选择 Lighter 样式；❸然后点击下方的"应用"按钮，如图 11-28 所示。

▲ 图 11-28　选择 Lighter 样式

Step05 点击右上角的"确认"按钮 ✓，返回到主界面，点击右上角的"分享"按钮 ◁，选择"保存照片"选项，保存照片后，预览照片的处理前后对比效果，如图 11-29 所示。

处理前 →

← 处理后

▲ 图 11-29　预览照片的处理前后对比效果

099　白化牙齿：一分钟轻松美白牙齿

在拍照的时候，牙齿太黄就不敢露出微笑。其实解决办法很简单，可以通过 facetune 中的"白化"工具，在照片中牙齿的位置轻轻涂抹，就能快速美白牙齿。

Step01 在 facetune 中，点击"相机"按钮，在弹出的列表框中，选择"打开照片"选项，打开一张照片，如图 11-30 所示。

Step02 在下方工具栏中选择"白化"工具 ▭，进入白化操作界面，如图 11-31 所示。

Step03 ❶选择"移动"工具 ✛；❷用两手指把画面撑开放大到牙齿的位置；❸然后选择"白化"工具 ▭，如图 11-32 所示。

▲ 图 11-30　打开照片

▲ 图 11-31　进入白化操作界面

▲ 图 11-32　选择"白化"工具

Step04 直接在人物的牙齿位置进行涂抹，美白牙齿，如图 11-33 所示。

Step05 点击右上角的"确认"按钮，返回到主界面，点击右上角

的"分享"按钮 ∞ ，选择"保存照片"选项，保存照片后，预览照片的
最终效果，如图 11-34 所示。

▲ 图 11-33　美白牙齿

▲ 图 11-34　预览照片的最终效果

•••**12**••• 综合修图：
修出精彩大片

【本章主要介绍 4 个常用的照片修图 APP，帮助用户更进一步地拓展照片后期处理的技能。一幅 APP 主要用来给照片添加边框效果，天天 P 图 APP 主要用来抠图与合成照片，微商水印相机 APP 主要用来给照片添加水印效果，相片大师 APP 主要用来多功能地处理画面，使照片更加精美。】

100 一幅：给照片添加一个炫彩边框

在拍摄风光照片时，如果用户觉得画面过于简单，待照片拍摄完成后，可以通过一幅 APP 给照片添加一个边框来突出主体，使照片更加有意境。

Step01 ❶在一幅 APP 中，点击"相框"按钮▣；❷打开一张需要处理的照片，如图 12-1 所示。

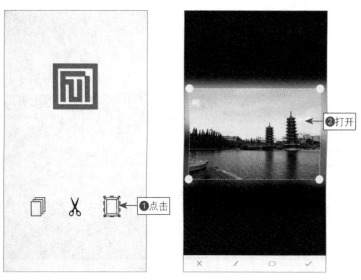

▲ 图 12-1　打开照片

Step02 ❶拖曳照片四周的控制柄，调整裁剪框到合适的大小；❷点击右下角的"确认"按钮✓，如图 12-2 所示。

Step03 ❶进入边框编辑界面；❷在下方"其他"类别中选择"古银"样式。如图 12-3 所示。

Step04 ❶切换至"卡纸"选项；❷在"纯色"卡纸中，选择相应颜色色块，如图 12-4 所示。

Step05 ❶点击右上角的"设置"按钮；❷在弹出的列表中，点击"保存"按钮⬇，如图 12-5 所示。

▲ 图 12-2 调整裁剪框大小

▲ 图 12-3 选择"古银"样式

▲ 图 12-4 选择相应颜色色块

▲ 图 12-5 点击"保存"按钮

Step 06 保存照片后，可以预览照片的最终效果，如图 12-6 所示。

▲ 图 12-6　预览照片的最终效果

101　一幅：打造一个真实的照片场景

场景对于照片来说能起到装饰的作用，同一张照片放在不同的场景中，给人的感觉也会不一样，给照片添加场景能提升照片的整体气质。

Step01 在一幅 APP 中，点击"相框"按钮，打开需要处理的照片，如图 12-7 所示。

Step02 拖曳照片四周的控制柄，调整裁剪框至合适的大小，点击右下角的"确认"按钮 ✓，进入图片编辑界面，如图 12-8 所示。

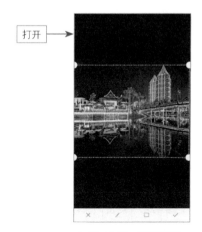

▲ 图 12-7　打开照片　　▲ 图 12-8　进入编辑界面

Step 03 在"画框"选项下的"无框"类别中，选择"横夹"边框样式，如图 12-9 所示。

Step 04 ❶切换至"背景"选项卡；❷在"场景"类别中，选择一种照片的场景样式，如图 12-10 所示。

▲ 图 12-9　选择"横夹"边框样式　▲ 图 12-10 选择一种照片的场景样式

Step 05 ❶点击照片进行拖曳，将照片放在合适的位置；❷然后用食指和中指滑动屏幕，将照片进行缩小操作，如图 12-11 所示。

▲ 图 12-11　调整照片位置和大小

Step 06 点击右上角的"设置"按钮，在弹出的列表中，点击"保存"按钮，保存照片后，可以预览照片的最终效果，如图 12-12 所示。

▲ 图 12-12　预览照片的最终效果（摄影师：峰子哥）

102　天天 P 图：打造令人惊叹的场景抠图效果

场景抠图主要是将人像从原照片中抠取下来，放到新的场景素材中，从而得到一张奇妙可爱的图片。

Step 01 首先准备一张照片，如图 12-13 所示。

Step 02 ①在天天 P 图中，点击"魔法抠图"按钮；②进入魔法抠图界面，如图 12-14 所示。

Step 03 ①在"热门"模板中，选择合适的模板样式，点击下方"抠图"按钮；②打开准备好的照片；③点击"人物"按钮，进行自动抠图；④然后点击下方的"确认"按钮 ✓，如图 12-15 所示。

▲ 图 12-13　准备一张照片

▲ 图 12-14　进入魔法抠图界面

▲ 图 12-15　选择模板和进行抠图

Step 04 ❶进入模板界面；❷点击下方"描边"按钮；❸在弹出的列表中，选择"白色细边"样式，如图 12-16 所示。

▲ 图 12-16　选择"白色细边"样式

Step 05 点击控制框，调整人物的大小与位置，如图 12-17 所示。

Step 06 点击右上角的"保存"按钮 ↓，保存照片后，预览照片的最终效果，如图 12-18 所示。

▲ 图 12-17　调整人物的大小与位置　　▲ 图 12-18　预览照片的最终效果

☆专家提醒☆

抠取人物脸部细节时，可以用双手放大照片，这样可以更精细地涂抹所需部分。如果涂抹了多余部分，可以使用撤销功能或橡皮擦来擦掉。

103 天天 P 图：将多张照片合成为独特的一张照片

大家在旅游的过程中，肯定会拍很多的照片，照片太多却不能都晒朋友圈该怎么办呢？那么，用户可以在天天 P 图 APP 中，通过趣味多图功能将多张照片合成为一张。

Step 01 ❶在天天 P 图中，滑动屏幕，点击"趣味多图"按钮；❷进入选择趣味多图样式界面，如图 12-19 所示。

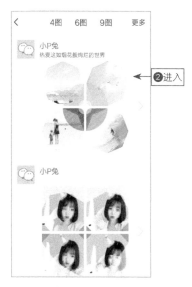

▲ 图 12-19 进入趣味多图样式界面

Step 02 ❶选择第 1 个拼图样式，显示相册的照片；❷依次选择要合成的 4 张照片；❸点击下方的"开始玩图"按钮，如图 12-20 所示。

Step 03 执行操作后，进入趣味多图界面，如图 12-21 所示。

▲ 图 12-20　分别选择 4 张照片

Step 04 点击右下方的"向上箭头"按钮，下方显示多种拼图样式，如图 12-22 所示。

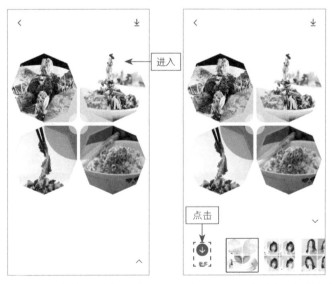

▲ 图 12-21　进入趣味多图界面　　▲ 图 12-22　点击"向上箭头"按钮

Step 05 从左向右滑动屏幕，分别点击第 2 个拼图样式和第 4 个拼图样式，依次查看样式效果，如图 12-23 所示。

▲ 图 12-23　查看样式效果

Step 06 点击右上角的"保存"按钮 ↓，保存照片后，预览照片的最终效果，如图 12-24 所示。

▲ 图 12-24　预览照片的最终效果

104　微商水印相机：制作属于自己版权的文字水印

现在人们都有了版权意识，对照片的版权更加注重了，但是还有些人盗用别人的图，那么用户可以在微商水印相机 APP 中，通过添加水印的功能来防止别人盗图。

Step01 ❶在微商水印相机中，点击"批量水印"按钮 ；❷打开需要添加水印的照片，如图 12-25 所示。

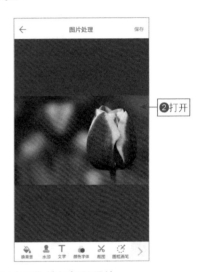

▲ 图 12-25　点击"批量水印"按钮打开照片

Step02 ❶选择"水印"工具 ；❷在弹出的面板中点击"点击创建"按钮 ；❸在弹出的列表框中选择"水印模板"选项，如图 12-26 所示。

Step03 ❶进入"选择样式"界面；❷选择下方的 585 样式；❸进入"模板预览"界面，如图 12-27 所示。

Step04 ❶点击"微商水印相机"文字，进入"文字编辑"界面；❷输入相应的水印文字内容；❸预览文字样式，如图 12-28 所示。

Step05 ❶然后点击"字体"标签；❷从下往上滑动屏幕，选择"站酷快乐体"样式；❸点击右上角的"生成"按钮；❹在弹出的信息提示框中，点击"确认"按钮，如图 12-29 所示。

▲ 图 12-26　选择"水印模板"选项

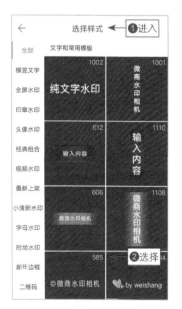

▲ 图 12-27　选择样式和进入"模板预览"界面

▲ 图 12-28　输入相应的文字内容并点击"确认"按钮

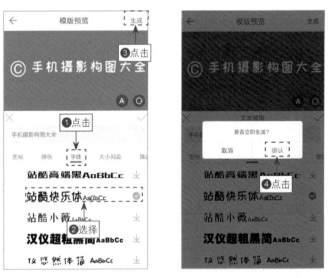

▲ 图 12-29　选择"站酷快乐体"样式和点击"确认"按钮

Step 06 ❶返回到"图片处理"界面，点击制作好的水印；❷调整水印位置，如图 12-30 所示。

Step 07 ❶点击右上角的"保存"按钮；❷在弹出的提示信息框中点击"确认"按钮，如图 12-31 所示。

▲ 图 12-30　调整水印位置

Step 08 保存照片后，预览照片的最终效果，如图 12-32 所示。

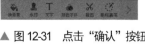

▲ 图 12-31　点击"确认"按钮　　▲ 图 12-32　预览照片的最终效果

105 微商水印相机：在照片中用二维码水印来吸粉引流

随着时代的发展，现在买东西都是扫码付款，既方便又快捷，那么用户可以在自己的名片或者是照片上添加二维码，不仅可以提高曝光率，还方便对方添加好友。

Step 01 ❶ 在微商水印相机中，点击"二维码"按钮；❷ 进入二维码操作界面，如图 12-33 所示。

▲ 图 12-33　进入二维码操作界面

Step 02 ❶ 选择"更多二维码"选项，弹出列表框，选择"上传二维码图片"选项，选择相应的二维码图片；❷ 进入"框选二维码区域"界面；❸ 点击右上角的"下一步"按钮，如图 12-34 所示。

Step 03 ❶ 进入"二维码样式编辑"界面，点击二维码下方的文字；❷ 输入相应的文字；❸ 然后点击右上角的"完成"按钮；❹ 返回到"二维码"界面，如图 12-35 所示。

▲ 图 12-34　进入"框选二维码区域"界面

▲ 图 12-35　进入"二维码样式编辑"和返回到"二维码"界面

Step04 ❶再返回到主界面；❷点击"批量水印"按钮 ，；❸打开
需要添加水印的照片，如图 12-36 所示。

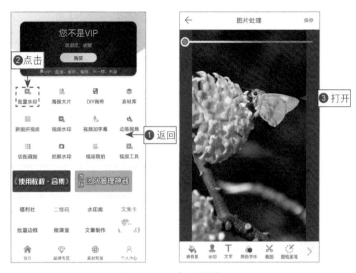

▲ 图 12-36　打开照片

Step 05 ❶从右向左滑动下方工具栏，选择"二维码"工具 ；❷点击制作好的二维码；❸将二维码添加在图片上，如图 12-37 所示。

▲ 图 12-37　添加二维码

Step 06 在屏幕中，调整二维码图片的大小和位置，如图 12-38 所示。

Step 07 ❶点击右上角的"保存"按钮；❷在弹出的提示信息框中点击"确认"按钮，如图 12-39 所示。

▲ 图 12-38　调整二维码的大小和位置　　▲ 图 12-39　点击"确认"按钮

Step 08 保存照片后，预览照片的处理前后对比效果，如图 12-40 所示。

▲ 图 12-40　预览照片的处理前后对比效果

☆专家提醒☆

用户还可以在"点击创建"页面中，选择付费水印设计，这里的付费水印效果更加具有设计感和独特性。

106 相片大师：镜头光晕让照片变得更加唯美

在拍摄风光照片时，天气不好但又想拍出有太阳光晕的照片，该怎么办？此时可以在相片大师 APP 中，通过添加"镜头光晕"滤镜使照片变得更加唯美。

Step 01 ❶在相片大师中，点击"编辑"按钮 ；❷打开需要处理的照片，如图 12-41 所示。

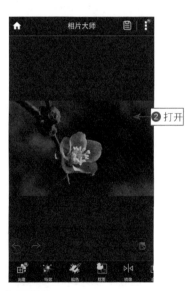

▲ 图 12-41　打开照片

Step 02 ❶从右向左滑动下方工具栏，选择"叠印"工具 ；❷在弹出的面板中点击"镜头光晕"按钮 ；❸进入"镜头光晕"操作界面，如图 12-42 所示。

▲ 图 12-42 进入"镜头光晕"界面

Step 03 ❶选择下方的第 2 个样式；❷调整光晕的位置和大小，如图 12-43 所示。

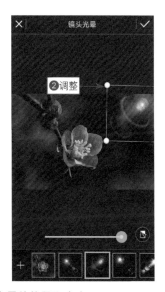

▲ 图 12-43 调整光晕的位置和大小

Step 04 点击右上角的"确认"按钮 ✓，返回到相片大师界面，点击右上角的"保存"按钮 📋，如图 12-44 所示。

Step 05 保存照片后，预览照片的最终效果，如图 12-45 所示。

▲ 图 12-44 点击"保存"按钮　　▲ 图 12-45 照片的最终效果

107　相片大师：背景虚化，让人物主体更加突出

"背景虚化"功能主要是指在照片中添加模糊的背景，让照片呈现出的效果更加梦幻，下面向读者介绍具体的操作方法。

Step 01 在相片大师 APP 中，点击"编辑"按钮 📷，打开需要处理的照片，如图 12-46 所示。

Step 02 从右向左滑动下方工具栏，选择"模糊工具" 💧，进入模糊工具界面，如图 12-47 所示。

Step 03 ❶点击下方的"矩形"按钮；❷拖动清晰框到人物相应的位置，如图 12-48 所示。

打开

▲ 图 12-46 打开照片

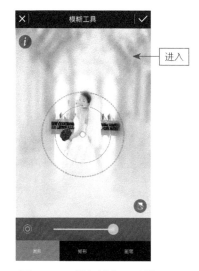

进入

▲ 图 12-47 进入模糊工具界面

❶选择

❷拖动

▲ 图 12-48 拖动清晰框到相应的位置

Step 04 点击右上角的"确认"按钮✓，返回到相片大师界面，点击右上角的"保存"按钮📄，保存照片后，预览照片的处理前后对比效果，如图 12-49 所示。

▲ 图 12-49　预览照片的处理前后对比效果

108　相片大师：利用克隆功能快速复制照片中的元素或对象

　　用户在拍摄花卉照片时，如果觉得照片上的画面太单调，那么可以在相片大师中使用"克隆"工具，对花朵进行克隆并复制，使照片变得不再单调。

　　Step01 在相片大师 APP 中，点击"编辑"按钮🖼，打开需要处理的照片，如图 12-50 所示。

　　Step02 在下方的工具栏中，选择"克隆"工具🔳，进入克隆操作界面，如图 12-51 所示。

　　Step03 ❶涂抹照片中需要克隆的位置；❷涂抹完成后，点击下方"克隆"按钮；❸进行克隆操作，如图 12-52 所示。

　　Step04 拖动克隆后的对象的控制框，把它移动到合适的位置，然后调整大小，如图 12-53 所示。

▲ 图 12-50 打开照片

▲ 图 12-51 进入克隆操作界面

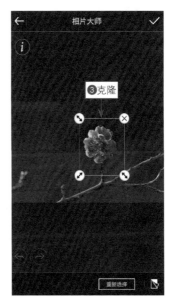

▲ 图 12-52 进行克隆操作

Step 05 点击右上角的"确认"按钮，返回到相片大师界面，点击右上角的"保存"按钮，保存照片后，可以预览照片的最终效果，如图 12-54 所示。

▲ 图 12-53　调整位置和大小　　　▲ 图 12-54　预览照片的最终效果